科研院所

培训实践与创新

Training practice and Innovation

中国科学院人事教育局编写组 编

Training Practice
and Innovation

Practice
Innovation

科学出版社

北京

内 容 简 介

本书紧紧围绕科研院所培训实践与创新这一软创新活动而展开。为让读者能够找到适合自己的内容，本书从科研院所培训的理念与制度、实施与方式、资源利用开发和趋势展望等四大模块对科研院所的培训进行了系统完整的阐述，同时全书内容又各自独立成章，即从理念塑造、建章立制、实施管理、方式创新、资源整合、项目开发和未来展望等方面，以方便读者根据自己需要进行挑选阅读。

本书提供的案例以一种强有力的方式来提高受训者的创造力，帮助相关培训师、内部培训师、科研院所及企业的培训管理者在培训实践中借鉴与参考之用。

图书在版编目（CIP）数据

科研院所培训实践与创新／中国科学院人事教育局编写组编 . —北京：科学出版社，2013.3

ISBN 978-7-03-037095-2

Ⅰ.①科…　Ⅱ.①中…　Ⅲ.①科学研究组织机构-业务培训-研究-中国　Ⅳ.①G322

中国版本图书馆 CIP 数据核字（2013）第 048665 号

责任编辑：李　敏　刘　超／责任校对：桂伟利
责任印制：徐晓晨 ／ 封面设计：耕者设计室

科学出版社 出版

北京东黄城根北街 16 号
邮政编码：100717
http://www.sciencep.com

北京京华虎彩印刷有限公司 印刷

科学出版社发行　各地新华书店经销

*

2013 年 3 月第　一　版　开本：B5（720×1000）
2017 年 4 月第二次印刷　印张：14 1/4
字数：300 000

定价：98.00 元

（如有印装质量问题，我社负责调换）

中国科学院人事教育局编写组成员

主　编　李和风

副主编　张　洁

成　员（以姓氏笔画为序）

刘洣娜　李胜利　李正华　张　萌

陈丰伟　陈代还　金　昆　杨　鹏

胡海洋　段异兵　樊心刚　颜廷锐

序

人才是科学发展的第一资源，是社会文明进步、人民富裕幸福、国家繁荣昌盛的重要推动力量，是实施国家创新驱动发展战略和实现全面建成小康社会奋斗目标的重要保证。科研院所拥有丰富的科研资源，集聚了大批优秀人才，肩负着在国家创新体系中发挥骨干和引领作用的重任。大力推进科研院所人才队伍建设，不断优化适合人才成长的工作环境，在创新实践中造就一流创新人才，既是科研院所自身科学发展的内在要求，又是事关国家"人才强国"战略大局的重要工作。

中国科学院作为国家重要的战略科技力量，高度重视人才工作，始终以培养和造就一流创新型人才队伍为己任。中国科学院按照"人才强院"的发展战略，制定了《"创新2020"人才发展战略》和《"十二五"人才队伍建设规划》，明确了未来5～10年的人才工作目标、发展思路和战略举措，着力构建布局合理、重点突出的人才工作体系。院属各科研院所把人才视为"立所之本"，树立"人才投入是效益最大的投入"的理念，在管理实践中形成了不少成功的经验和典型案例，在创新机制、优化人才环境、促进各类人才协调发展以及人才投入、人才服务等方面取得了明显进展，推动了人才队伍建设和科技创新事业的可持续发展。

科研院所培训工作是人才队伍建设的重要组成部分，是人才队伍建设的先导性、基础性、战略性工程，是建设一流创新型人才队伍和保持队伍持续发展的重要途径。中国科学院自建院伊始，在不同时期都将职工培训和干部教育作为人才队伍建设的基础性工作来抓，利用院内外的培训资源，对各级各类职工开展大规模、广覆盖、常态化的培训活动。中国科学院针对科技人员、管理干部和技术支撑人员的不同培训需求，进行了很多实践探索和创新，使他们的创新能力、知识结构和业务素质得到了持续优化，既支撑了全院科技创新事业，又促进了各类人员的职业生涯发展。

当前，我国正在深化科技体制改革、加快国家创新体系建设的时期。中国科学院在全面实施"创新 2020"人才战略的进程中，以创新驱动发展为核心，以促进科技与经济的紧密结合为重点，加快提升自主创新能力。面对这些新任务和新要求，中国科学院各类人才队伍都面临着持续提高创新能力的新挑战，必须紧紧抓住新科技革命的战略机遇，在创新实践中培养和造就一批能提出新理论新方法、开辟新兴前沿研究方向、创造新知识新技术的各类创新人才。充分发挥培训在人力资源开发中的核心作用，是提高人才队伍创新能力和整体素质的重要途径，在科技创新事业中无疑具有影响战略全局的独特作用。我相信，从组织战略目标出发，积极开展培训活动，必将提高全员创新能力，促进我院各项事业的科学发展。

中国科学院组织编撰的《科研院所培训实践与创新》以理论视角、案例分析、丰富信息和管理研讨为特色，探讨了兼顾组织发展和个人职业发展需要的科研院所培训体系建设问题，较为全面地揭示了科研院所培训工作的实践经验和管理规律。衷心希望这本书能够为我国科研院所人力资源开发的改革创新，为深化科技体制改革和推动"人才强国"战略，丰富认识、开拓视野和提供借鉴。

中国科学院副院长

2013 年 1 月

前　言

1985 年中国科技体制改革全面启动，当时的目标之一是"造成人才辈出，人尽其才的良好环境"。经过 20 多年的不懈努力，我国创新人才队伍在结构、能力和素质方面不断得到完善与提高，总体上满足了我国现代化建设各项事业对科技人力资源的基本要求。当前，国内外新的发展形势对我国科技人力资源提出了新要求，贯彻落实科学发展观、构建和谐社会和推进我国科技事业发展都迫切需要我国科技人力资源的业务素质实现全面改善，创新能力得到大幅提升。认真分析科技人力资源开发趋势，全面总结已有的实践经验，有助于探索科技人力资源开发新方向、新路径和新模式。

从未来发展趋势看，国内外经济与社会发展格局出现的新变化，使科技人力资源特别是高层次创新人才在国家创新发展中的地位更加凸显。当前，主要国家经济放缓迹象明显，世界经济形势更为严峻复杂，以争夺发展的主导权为新特征的国际科技竞争将日趋激烈，围绕新兴产业和前沿技术的竞争进一步延伸到科技创新的各个环节，而高水平创新人才已成为竞争的焦点。在国内方面，我国正进入创新型国家建设的攻坚阶段，科技创新和人才支撑成为解决经济和社会发展中一系列瓶颈问题的希望所在。只有依靠科技进步和作为"第一资源"的人才资源，才能为科学进步和技术创新提供源源不断的动力，并为攻克涉及经济社会发展的重大核心关键问题提供有力支撑。

科技人力资源的获取，一靠引进，二靠开发，立足开发。继续教育与培训是人力资源开发过程中的重要途径。

　　继续教育和培训是两个有密切联系的概念。继续教育（continued education）是指对专业技术人员进行知识技能的补充、更新、拓宽和提高，使受教育者的知识和能力更好地满足岗位和职业发展的需要。它是终身教育体系的重要组成部分，充实和扩大社会成员继续教育的机会是经济繁荣、社会发展和科技进步的重要标志。培训（training）是企、事业组织和政府部门，有计划地实施有助于员工通过学习获得与工作相关之能力的活动，这些能力包括知识、技能或对于工作绩效起关键作用的行为。众多实践表明，对职工培训的投资，可以提高生产率，特别是在应对竞争性挑战方面作用显著。发达国家很多企业和政府组织已经把培训视为实现组织发展目标的手段，即根据经营战略目标，运用指导性设计过程，评估培训需求，开发培训项目，拟定培训标准，确保培训的有效性。以职工为出发点的继续教育和以组织为出发点的培训，都强调其战略性作用。本书主要讨论以组织为出发点的培训在科技人力资源开发中的实践和理论问题。

　　在我国开展科技体制改革的这20多年里，世界发生了有史以来最为迅速、广泛和深刻的变化，知识经济进程不断加速，知识与信息成为经济社会发展的直接资源和竞争要素，创新能力被提高到前所未有的高度。在这种情况下，知识老化问题引起了越来越多的关注。包括体力劳动和智力劳动在内的现代社会劳动者必须接受培训，发展职业技能，以满足知识与技术快速更替后的工作需要。职工、组织和国家高度重视发挥培训的战略性作用。从作为个体的职工看，接受培训可以为个人职业的进步、职位的升迁和接受更多新挑战做好准备。不断地更新知识和培训学习还可以使精神上得到充实和愉悦，满足个人自我完善的内在需求。从组织发展的角度来看，竞争环境的加剧迫使各类组织加强学习，以适应变化甚至推动变化，从而使负责员工培训的部门变得越来越重要。培训有助于组织整体目标和功能使命的实现，得到了越来越多的组织领导者认同。从国家的需要看，培养造就一大批高素质创新人才，开创人人皆可成才、人人尽展其才的生动局面，是各国参与国际竞争的基本前提。通过培训等各种有效途径，大幅度提升各类人才队伍素质，改善人才队伍结构，也是快速提高我国自主创新能力的战略选择。

需要指出的是，科研院所培训投资是对科技人力资源的投入。当前，许多研究所通常都愿意把经费投入到项目、实验设施、图书资料和科研条件装备上，追求科研规模的扩大和研究手段的升级。而各类人员是科研活动的承担者，是组织持续发展的根本保障，同样需要消耗资源，需要进行人力资本的投资，离开了人力资源开发，人力资本不断退化贬值将是必然结果。如果科研院所根据自身发展需要，有明确目的地对职工进行在职培训，使其尽快适应以科技创新为主的工作要求，特别是帮助职工提高创新能力，将有可能用培训后劳动（科研）生产率的提高来迅速弥补培训等对人力资本投资的成本。因此，培训应被视为一项组织必要的维持成本和对员工投资的行为。令人可喜的是，这一观念已在越来越多的科研院所人力资源开发中得到了很好的体现。

当前，科研院所肩负着支撑服务国家创新驱动发展战略的历史使命。凝聚优秀创新队伍，优化人才队伍结构，培养造就一流创新人才队伍，持续开发科研院所人力资源是完成这一重大使命的必要前提。为总结科研院所人力资源开发实践经验，系统介绍科研院所培训研究，我们组织撰写了本书。本书主要以中国科学院为例进行分析，按照科研院所培训的理念塑造、建章立制、实施管理、方式创新、资源整合、项目开发和远景展望，分七章分别阐述，并通过 21 个案例加以诠释。本书的编写分工及执笔：李和风（总负责、指导）、张洁（组织协调、审核统稿）、杨鹏（审稿）、李胜利（案例统稿）、段异兵（第一章）、刘洣娜（第二章）、樊心刚（第二章）、李正华（第三章）、陈丰伟

（第三章）、颜廷锐（第四章）、张萌（第五章）、陈代还（第五章部分）、胡海洋（第六章）、金昆（第七章）。张京芳、陈浩、杨鹏、郑丽敏、贡集勋、杨洪波和张兴仁等人对本书提出了宝贵意见。

　　本书汇聚了许多科研院所培训工作的实践探索，但书中论述和案例分析仅反映执笔者的观点。由于作者水平有限等原因，疏漏、不足和欠妥之处在所难免，恳请读者批评指正。

目　录

第一章　先进理念引领
科研院所培训

科研院所拥有丰富的科研资源，集聚了大批优秀人才，在国家创新体系中发挥骨干和引领作用，是国家科技创新和各行业技术进步的主要动力之一。科研院所人力资源管理是我国科技人力资源开发和实施"人才强国"战略的重要组成部分。中国科学院按照国家有关职工培训的规定，结合自身实际，积极开展职工培训活动，形成了许多特色鲜明、注重实效、符合科技创新需要的人力资源开发经验。本章介绍国内外科研院所培训概况，分析中国科学院培训的核心理念，总结科研院所培训的引领作用。

1.1　科研院所及其人力资源特点

作为围绕某一学科或学科领域中的科学、技术及工程应用问题，专门开展研发活动的科研院所，通常有明确的研究方向和任务，有学术带头人和研究人员，有开展研究工作的设施和基本条件。科研院所可以分为公共科研院所、大学所属科研院所、企业科研院所以及社会科研院所等类型（罗宏，2005）。

公共科研院所是中央政府或地方政府直接设立、支持和管理的科研机构，主要开展市场机制不能提供、必须由国家集中投资和组织的研究开发工作，包括基础性、战略性、前瞻性、综合性的研究工作，某些战略高技术和共性技术的研究开发工作，提供公共科技产品、行业共性关键技术的开发研究等，有长远性、风险大、难度高的特点。

大学所属科研院所主要是高水平大学（以研究型大学居多）设立的专门科研机构，主要从事基础研究和部分前沿技术领域的应用研究。其科研工作多和创新人才培养紧密结合，既进行基础研究和前沿技术应用研究的知识创新，又具有培养人才和传播知识的功能。

企业科研院所主要从事应用基础研究、技术开发及其产业化相关的研究活动，受企业委托，解决企业发展的技术难题；或受政府委托，解决社会经济发展中的公益性科技问题。企业科研院所应用新知识，开发面向专有性产品的新技术、新工艺和新服务，是技术创新的中坚力量。

社会科研院所不隶属于政府部门，主要是民间投资兴办的非营利科研机构。这些民办科研机构面向市场和新兴产业发展需求，开展技术研发、成果转化和技术服务，是加速科技成果转化、推进科技与经济结合的重要力量。政府可以通过委托课题、税收优惠和政府采购等方式，鼓励和引导社会科研院所发挥自身优势和创新活力，完善国家创新生态系统。

作为专业性很强的专门组织，科研院所通过研究人员的密集智力活动和团队化管理的知识生产过程，产出学术论文、研究报告、专有技术、专利等知识产品。科研院所大多数职工属于知识性员工，具有素质高、自主性强、追求创新、职业生涯较明确等特点。

素质高是指科研院所职工一般接受过高层次的学历教育，有专业知识和理论素养，掌握了支撑其开展科研活动的技能、信息和方法。由于科学技术发展迅速，知识更新和升级速度加快，科研人员往往在工作中逐渐形成了学习新知识、新技能和新方法的习惯和自觉性。

自主性强是指科研院所职工主要从事依靠脑力劳动的创造性活动，劳动过程往往是无形的，必须依靠职工的自我引导、自我管理、自我监督、自我约束来实现。由于创新活动没有固定不变的流程，受时空限制相对较少，科研院所往往允许并授权职工自主制定研究方案，周期性接受绩效考核，而不是采用行政命令式的强制性管理方式。

追求创新是科研院所组织文化的核心。科研人员不满足于被动地完成一般性事务，热衷于更有挑战性的创造性工作，进而实现自身价值，得到同行、单位或社会的认可。由于科技创新成果的获得要依赖很多内外部因素，科研人员非常重视科研院所能否为开展创造性工作提供必不可少的资金、设施和人力支持。

职业生涯较明确是指科研院所以科研为核心，科研人员职业生涯主要是纵向发展（即在一个专业领域内从初级人员向中级、高级的提升），横向发展（不同专业领域同一层级之间的调动）相对较少。科研院所普遍采用职称评定体系，主要依据同一专业领域的工作年限、业务能力、科研业绩和学历等因素进行评定，学识、能力和经验的积累尤为重要。不断更新知识结构是他们职业生涯发展必不可少的重要内容，这使得培训贯穿于他们的整个职业生涯。

1.2　国内外科研院所培训概况

1.2.1　国外科研院所的培训

科研院所聚集了众多创新人才，是知识创造最活跃、知识更新最快、培训需求最迫切的部门之一。覆盖全员、便捷实用的职工培训是科研院所培养人才、提高科研产出的必然要求，也是吸引和留住高水平人力资源的重要手段。这都要求科研院所不断完善人才培养机制，因此，国际上许多著名科研机构建立了分级分类、形式多样、注重实效、各具特色的职工培训体系。

2011 年，德国赫姆霍兹研究中心联合会在联合会与各中心的层面上创设新的培训机制。其理念是注重"人的价值"，即通过培训机制，赢得并留住分布在各层级的、最合适和最优秀的职员，并培养出赫姆霍兹研究中心所需要的优秀人才。在研究生院授课方面，为博士生提供支持其研究工作的专业课程体系，还提供职业培训课程，为他们在今后进入科研岗位和在其他职业领域发展做好准备。调整重组和新创建的研究单元是该中心的培训重点，因为这些研究单元所属的学科领域，创新活动活跃，进展迅速，知识创造和更新速度很快，国内外的竞争也非常激烈。对于已有其他职业经历并准备培养成科学界或行政机构领导职务的人员，赫姆霍兹联合会创建了专门的赫姆霍兹管理学院，2011 年该学院有 170 多名学员完成学业。赫姆霍兹联合会还面向全体员工，创建了与管理学院并行的指导与辅导课程，建立覆盖全员的培训体系，支持所有员工的职业生涯发展。

英国研究机构和高校建立了面向所有研究人员职业生涯发展的培训体系。英国研究理事会于 2008 年 6 月推出《支持研究人员职业发展的规定》，要求"认识到研究人员职业发展和终身学习的重要性，并采取措施，不断推进"。爱丁堡大学《研究人员职业发展管理手册》中，规定了研究人员、课题组长、研究单元的相应职责："研究人员有责任对自己的职业生涯发展进行规划和管理，应设立自己职业发展的长期和短期目标并定期加以总结，或者寻求适当的发展、培训和职业指导等机遇并努力实施"，研究人员不仅要尽最大努力去开发在学术界发展的关键技能，还要开发能增加其就业能力的众多技能，增强职业生涯发展的灵活性；"课题组长或导师不仅要负责整个研究项目的方向并进行有效管理，还要为参与项目的研究人员的职业发展提供便利和有效支持"，要主动为研究人员提供适当的培训和开发机会；研究机构要负责建立一个适当的框架，促进和监控对研究人员的培养与管理，使研究人员在职业生涯规划和开发方面都得到支持和鼓励。英国其他高校和公共科研院所都按照国家规定，建立了支持研究人员职业发展的培训制度。

美国国立卫生研究院（NIH）人力资源部设有培训中心，为 NIH 所有员工提供一系列在线培训课程，帮助 NIH 员工提高业务能力和开发创新潜力。培训课程按高管、主管、科学家/临床研究者和一般行政人员分类开发，均围绕实际需要，组织培训内容，并辅以在线测试和必要考核。如面向科学家/临床研究者，设有《构建科研和技术支撑团队》《组织科学会议》《面向科学家的谈判与冲突解决》《科技写作》《以结果为目标的问题解决技能》《时间管理与组织管理技巧》《如何进行有吸引力和说服力的学术演讲》《成为有影响力的学者》等培训课程。NIH 培训中心还经常性地组织专门培训项目，如"NIH 高级主管领导力培训项目"的培训对象为目前担任研究所和各行政部门相应领导职务的高级管理人员。该项目由美国著名的布鲁金斯研究所和华盛顿大学圣路易斯分校联合开发，还邀请哈佛大学、弗吉尼亚大学和美国卫生与人类事务部的相关专家参与授课和讨论。每年 3 月、5 月、7 月和 9 月各安排 3 天时间集中学习，内容涵盖高级管理课程、行动学习项目、NIH 案例研究、学员领导力测评、学员领导力辅导等。

法国科研中心（CNRS）是法国最大的从事自然科学基础和应用基础研究的公益性机构，有 3.2 万名员工。CNRS 总部设有人力资源局，另在 19 个地区代表处设人力资源办公室，通过两级管理模式，对员工的招聘、薪酬、培训、晋升、绩效等事项进行管理。在培训方面，设有专门的培训预算、管理机构和主管，对员工进行全员、常年和系统的在职培训。每年还根据人力资源开发需要，设定不同的重点培训对象和培训内容，组织了职业发展培训、技能培训和跨学科培训等专项培训。

1.2.2 国内科研院所的培训

国内科研院所众多，既有中国科学院、中国农业科学院、中国林业科学研究院等公益类研究机构，又有中国钢铁研究总院、北京航空材料研究院、中国空间技术研究院等转制为企业的技术开发类研究机构。其中，职工数在 1 万人以上的大型科研院所有中国科学院、中国工程物理研究院、中国运载火箭技术研究院和中国空间技术研究院等。这些科研院所按照国家有关法规的要求，积极开展职工培训活动，不断提升人才队伍的科技创新能力，促进各类职工素质的全面提高，推动职工对科研院所发展战略、业务要求和管理思想的认同。众多实践都表明，科研院所培训为科研院所各项事业发展提供了智力支持与人才保障。

中国农业科学院有职工约 7200 人。该院通过国际农业研究中心、政府间项目、国家留学基金管理委员会项目、国家外国专家局项目、世界银行贷款项目等渠道，以及美国洛克菲勒基金会和福特基金会等民间渠道，向发达国家和一些国际研究机构选派留学生和访问学者，进行专业培训、攻读学位和合作研究等，在职工培训方面取得了显著效果（赖燕萍等，2008）。通过邀请知名专家、院士举办学术报告会、专题讲座会、学术研讨会等形式，使研究人员及时了解国内外农业科技发展趋势和前沿技术，把握研究方向，提高自主创新能力。

中国工程物理研究院流体物理研究所结合科研活动需要，采取多种培训措施，加速培养学术技术带头人。研究所安排科研骨干指导研究生和给研究生上课，促使他们精心查阅研究文献，系统更新知识结构，在培养研究生的过程中同时也培养和提高了导师自己（黄崇江，2009）。研究所支持科研骨干在国内重点高校担任兼职教授、担任博导和硕导、联合培养研究生和开设专业课程或学术讲座等，既扩大研究所的社会影响力，又能从中发现有潜力、有意愿献身工程物理的优秀学生。研究所要求所内研究员每年在所作一次报告，对一些科技骨干开设一系列讲座；还聘请国内外著名高校和科研院所的专家学者为客座研究人员，邀请他们来所进行学术讲座或学术报告，将最新的学科前沿知识与科研技术人员共同分享，将理论知识融入到科研实践中。

中国空间技术研究院于 2005 年成立神舟学院，承担中国空间技术研究院员工培训、研究生培养和客户培训与交流业务。依托神舟学院，研究院开展"两总（总指挥、总设计师）上讲堂""虚拟卫星培训"等特色系列培训活动，达到了"教学相长，学学相长"的目的（赵晟，2006）。该院充分利用国际宇航领域的合作关系，采取"请进来，走出去"的方式，与国际众多知名宇航机构和高校建立起合作关系，拓宽和加深了国际化人才的培养渠道，还根据中国空间技术研究院战略发展规划和人力资源培养计划，选派专业骨干人员赴国外深造。

中国运载火箭技术研究院于 2009 年成立长征学院，引入先进培训理念、方法和工具，通过后备人才梯队加速培养、领导力加速培养、人才能力培育、职业发展等手段，打造内生型人才供应链。该学院对班组长、中层领导干部、专业技术骨干、高层领导干部、型号两总（总设计师、总工程师）等关键培训对象进行分层分类的细化定义，构建各职务序列与各岗位的任职资格标准体系，设计体系化培训产品和服务。中国运载火箭技术研究院明确人才培养是各级管理人员的重要职责之一，超过 50% 的高级管理人员、型号两总、院级专家担任了长征学院内部讲师（刘久义和帅周余，2012）。

中国科学院是我国科技人员众多、涉及研究领域广泛的科研机构，在职工培训方面进行了多年的不懈探索，有我国科研院所培训工作的典型代表性（参见本章 1.3 节）。研究总结该院培训实践经验，对于做好科研院所人力资源开发工作有一定的借鉴意义。

1.3 中国科学院的培训

1.3.1 中国科学院概况

中国科学院是我国科学技术方面的最高学术机构和全国自然科学与高新技术综合研究发展的中心，主要从事基础研究和战略性研究，重点研究和解决我国现代化建设中的基础性、战略性、综合性、前瞻性重大科技问题。

中国科学院的104家直属研究机构、100多个国家级重点实验室和工程中心分布在全国各地，涉及广泛的学科领域。在基础科学领域，中国科学院在数学、物理学、化学、力学和天文学领域有16个科研院所，拥有近万人的科研及管理队伍。在生命科学与生物技术领域，中国科学院有二十多个研究所和研究中心，以人口与健康、生物多样性保护与生物资源可持续利用、农业高技术、生态环境研究、高原生物学为主要研究方向。在资源环境领域，中国科学院有二十多个研究所和47个重点建设的野外观测试验台站，涉及固体地球科学、大气科学、海洋科学、生态学、环境科学、地理科学与资源、遥感、农业等多个重点学科。在高技术研究与发展领域，中国科学院共有三十多个研究所，两万多名科研及管理队伍，涉及信息技术、先进制造、光电科技、材料、能源、交通、化学工程和空间科学技术等领域，为我国"两弹一星"、载人航天、计算机、激光等研究与开发做出过重大贡献。

中国科学院在高水平科学研究实践中，凝聚和培养了大批具有创新意识和创新能力的高素质科技人才，拥有一支包括一批国际知名的科学家、中青年科研骨干和精干高效的技术专家、管理人员的高水平科技队伍。截至2011年年底，共有在职职工6.06万名、在读研究生近5万人、在站博士后2936名。

1.3.2　中国科学院的培训沿革

中国科学院有开展加强职工教育与培训、服务人才培养的优良传统。

1949 年 11 月 1 日，中国科学院正式成立。建院之初，国家科技人才匮乏，中国科学院把"大力培养科学干部"列为新中国科学工作的一项长期的中心任务（张藜等，2009）。为吸纳优秀青年人才和壮大科研队伍，从 1950 年起，中国科学院连续 3 年面向社会招考研究实习员。各研究所为研究实习员都安排了导师，由导师根据科学事业发展需要和他们的基础知识水平，确定培养目标和 3 年培养计划。在 1953 年 11 月召开的中国科学院所长会议上，要求各研究所制订年度计划时，除制订本学科的题目和计划外，还必须制订培养科学干部的计划。中国科学院还选派在职青年研究人员到苏联和东欧国家留学，1951 年首次派出留学生徐叙瑢（固体发光）、梅镇彤（高级神经生理学）、冯康（组合拓扑论）、黄祖洽（理论物理）等 7 人，回国后在中国科技事业中做出了突出贡献。

中国科学院建院以来，始终坚持"普遍提高"与"重点培养"相结合的职工教育与培训工作原则。关于"普遍提高"，1961 年颁布的《中国科学院自然科学研究所暂行条例》对各级各类在职干部的培养进行了明确规定。高级研究与技术人员深造的主要方法是通过工作中的钻研、自修和参加学术活动等；中、初级研究与技术人员则采取边干边学的方法，通过实际工作锻炼，结合研究工作发展方向的需要，有计划地进行学习，系统地提高业务水平和工作能力。关于"重点培养"，许多研究所从科研和管理的实际需要出发，确定重点培养对象和主要培养目标。如 1962 年 3 月中国科学院物理研究所举行"拜师会"，由著名晶体学家、该所副所长陆学善等 10 位所内高、中级研究人员担任梁敬魁、傅正民等 10 位青年研究人员的导师，负责指导和帮助他们的研究工作和业务学习。到 1966 年"文化大革命"前,通过在职教育,许多科研人员和行政人员的业务水平和文化素质得到了不同程度的提高,一批业务拔尖的研究与技术人员迅速涌现,行政干部的组织领导能力和业务知识都得到了明显改善。

"文化大革命"结束后,中国科学院根据全院职工状况和国家科技发展需求,决定"在三五年内,要把培养人才的工作提到最重要的地位",对各类职工进行学历教育和全方位、多层次的岗位培训,大搞在职教育(中国科学院办公厅,1979)。1979 年,全院有科技人员近 3.7 万人,其中一万余人是"文化大革命"开始后陆续毕业的,1965 年之前受过大学教育的科技人员也普遍存在知识老化、外语水平较差、不熟悉计算机等现代设备的问题。中国科学院在这次大规模在职教育中,对"文化大革命"期间入学的大学生实行集中强化训练,面向所有科研人员开展知识更新和专业技术继续教育,开设外语、计算机等专项技能培训班。为提高领导干部的科学管理水平,中国科学院举办了为期 5 个月的干部进修班,系统学习哲学、自然科学史、自然科学基础知识和科学学与科学管理,累计达 64 讲和 250 个学时。除推行岗位培训外,还大量派遣科研骨干和研究生出国进修和留学,1978 ~ 1982 年,向 27 个国家和地区派出访问学者、进修人员和研究生共 2454 人(中国科学院办公厅,1983)。

20 世纪 80 年代,中国科学院加强培训制度体系建设,推动全院培训工作的规范化、体系化和常态化。1984 年 8 月,中国科学院《关于加强干部教育、职工教育工作的决定》提出,高中级科技人员每工作 3 年,有半年的学术进修时间,用以提高自己的学术水平和研究与技术能力。除出国进修外,培训方式还包括在国内举办各种类型的学术讲座、讨论班、高级训练班、暑期培训班等,培训重点是外语、计算机和学科领域的发展概况及最新成果。中国科学院职工培训主管部门相继制定并颁布了一批规章制度,规范各类人员的学历和非学历在职教育工作目标、内容和管理流程，有力地推动了全院人才队伍综合素质和知识结构的不断优化。为更好地组织和推动全院的职工教育工作，1986 年成立了由中国科学院院长任会长的中国科学院职工教育研究会。为解决人才断层问题，按照"引进和培养并重"的思路，中国科学院加大了培育中青年科技骨干的工作力度。到 20 世纪末，"文化大革命"造成的全院业务骨干匮乏、知识结构老化、不适应当代科技革命等严峻形势已经得到了彻底改善。

进入 21 世纪，中国科学院在成功实现人才队伍代际转移后，又面临提高持续创新能力的新要求。为适应这一形势，中国科学院明确了培训工作要面向"知识创新工程"人才队伍建设需要的工作思路，大力发挥职工培训在推进知识创新工程这一组织战略行动中的促进作用（何岩等，2001）。2006 年，中国科学院提出"以提升创新能力为中心"，有组织、有计划地开展培训工作，培养各类人才的创新能力，使人才队伍素质与"创新跨越、持续发展"的组织发展目标相适应（刘毅和张洁，2006）。2012 年，秉持"全面提高"和"重点培养"相结合的优良传统，中国科学院开展"全员能力提升计划"，旨在全面提升在职职工的创新能力和综合素质，并重点加强中、高级管理干部的院所管理培训和青年科技人员创新能力的综合培养。实践表明，兼顾组织发展与职工职业发展双重需求的科研院所培训体系，可以促进人才队伍建设，为科研院所各项事业发展提供有力的人力资源保障。

1.3.3 中国科学院培训体系

为全面发挥培训在人才队伍建设中的重要功能，中国科学院建立了包括制度体系、组织体系、项目体系和评估体系在内的培训体系。

从 2000 年开始，围绕制定"中国科学院继续教育发展规划""中国科学院继续教育指南""中国科学院继续教育条例"的实际需要，中国科学院对培训制度体系进行了系统研究。在此基础上，先后制定了

《中国科学院继续教育发展规划》《中国科学院知识创新工程全面推进阶段现有人员继续教育实施办法》《中国科学院继续教育证书管理办法及实施细则》《中国科学院继续教育指南》《中国科学院继续教育管理办法》等文件，对全院职工培训的发展目标、工作规范、培训指导、培训考核、管理制度进行了多方位的规章制度建设。完善的培训制度体系，为进一步推动全院职工培训工作起到了积极作用。这些规章制度建立后，全院培训受训人次实现了稳步增长。

中国科学院按照"统筹规划、分工负责、分级管理、分类实施"的工作原则，构建了以培训需求为导向的培训动态规划与实施体系。按照岗位特点，对科技人员、管理干部（含所局级领导干部）、技术支撑人员的培训工作进行总体规划、项目组织和考核评估。在三类人员中，又分别按照高级、中级和初级的不同特点和培训需求，由院、分院和研究所等不同部门组织实施有针对性的培训项目。分院是管理队伍培训的主要组织者，研究所是科研人员培训的组织者和推动者。为学习和借鉴世界先进的科研管理经验，大力开辟赴国际一流科研机构进行境外培训的渠道，确定了一批中长期培训合作项目。

中国科学院结合各类人员的知识需求和科研机构的工作性质，建设了针对性强、可灵活组合的培训项目体系。在培训项目开发过程中，充分利用院内人才资源和科技优势，积极利用外部培训资源，形成分层次、分类别、多渠道、多形式、重实效的培训课程。中国科学院先后创立并逐步打造出一批特色鲜明、针对性强、效果显著的特色培训项目。这些项目经过不断改进和完善，有的已经初具"品牌"效应，在院内外产生了广泛影响。如所（局）级领导干部上岗培训班自设立以来，截至2012年6月，已累计开办27期，为全院领导干部队伍建设做出了贡献；2002年在全国率先开展研究生导师教书育人研讨班，延续至今并在全国研究生教育系统得以推广；中国科学院还全面推行了研究所新员工培训制度。

1.4 中国科学院培训的核心理念

自 1949 年建院以来，中国科学院利用院内外培训资源，对全院职工开展了分层次、大规模、广覆盖、常态化的培训活动，职工创新能力、知识结构和业务素质得到持续优化，为推进科技创新事业和促进职业生涯发展提供了有力支撑。在这些有科技创新特色的培训长期实践中，中国科学院逐步形成了"以提升创新能力为核心""统筹规划""覆盖全员""注重效益""培训项目品牌化"等科研院所培训核心理念。

1.4.1 以提升创新能力为核心

中国科学院聚集了众多创新人才、创新资源和创新成果，但要不断应对日新月异的科技创新挑战，必须不断提升科研、管理和技术支撑等人才队伍的创新能力。高技能、专业化的人才队伍有可能创造出新思想，更快更好地适应新的技术变迁和组织变革。通过持续、系统和全面的培训，把最先进、最适用、最有价值的创新知识迅速、灵活且源源不断地传递到科研院所各类人才中，进而转化为人才队伍的创新技能，最终为科研院所知识生产和应用提供不竭动力。基于这样的认识，中国科学院培训以提升创新能力为中心，构建符合科技创新规律的培训制度体系、实施体系和项目体系，使职工不断学习先进的新理论、新技术和新技能，积极应对科技进步加速带来的新变化，推动科研创新、管理创新和技术支撑创新能力的持续提高。

提升科研创新能力，关键是培养和造就战略科技专家和科技尖子人才。中国科学院所属各科研院所十分鼓励科研人员及时、准确地把握世界科学前沿的发展动态，实行多年的公派留学、参加专题研讨会、参加国内外学术会议和学术讲座等活动成为了科研人员自觉提升科研创新能力的重要途径。为进一步提升科研创新能力，中国科学院结合国情和院情，于2002年创立了"学术研讨会"培训项目。该项目是院内外科研人员及海外优秀留学人员共同参加的讨论会，重点研讨"知识创新工程试点"优先发展的学科领域和新兴、交叉学科以及高新技术领域重大项目中科学技术的热点、难点问题，达到拓展科学视野和思路、加强国内外学者间交流的目的。

提升管理创新能力，关键是要通过先进的管理培训手段，更新管理理念，提升管理水平，促进科研管理体制改革与创新的顺利实现。中国科学院采取系列培训、专题研讨、岗位培训、在职进修、国情考察等形式，持续开发满足组织需求、岗位需求和个人需求的管理培训新项目。为提高中国科学院高级领导干部和科技专家对战略问题与国情的认识，准确把握中国经济社会发展趋势和世界科学前沿动态，中国科学院于2000年创立"中国科学院创新战略论坛"系列讲座，定期邀请政府高级官员、各界高级管理专家和国内外知名专家学者（包括诺贝尔科学奖获得者），就中国和世界社会、科技发展的趋势进行深层次、全方位的阐述，拓展战略视野，深刻认识国情，准确把握经济发展和世界科技发展全局。各科研院所从构建"一流管理"的实际需要出发，不断完善管理工作经验交流研讨制度。"十二五"期间，中国科学院明确了重点开展青年管理人员的综合管理素质培训和急需、关键岗位的管理骨干系列管理知识培训的新任务。

提高技术支撑队伍的创新能力也非常重要。随着国家科技投入的增加，科学院各研究所全面加强了技术装备建设，改善了实验条件和设施，而技术支撑队伍的匮乏及其能力不足成为制约科技创新的障碍之一。中国科学院组织开展了实验技术培训、质量管理培训、科研设备操作等培训项目，着力建设技术精湛、敬业奉献、全面支持科技创新的技术支撑队伍。每年支持一定数量的技术支撑人才参加境内外培训或赴国外科研机构、学术团体进行短期进修或访问，重点提高优秀技术人才、大科学工程技术骨干和公共技术平台负责人的创新能力。许多研究所从本所科技创新的实际需要出发，加强对所有技术支撑人员的技能培养；通过仪器升级改造和研制等专门项目，培养和造就技术支撑的核心骨干人员；还择优选派他们到国内外技术先进的同类型机构，接受专业技能培训和现场观摩。

1.4.2　统筹规划

中国科学院明确院、分院、研究所的培训管理职责，形成了宏观指导与自主发展相协调、突出重点与全面推进相结合的培训组织体系。中国科学院人事教育局（简称人事教育局）统筹指导全院的培训工作，负责统筹规划、分类指导、制定政策、资源调配、督促检查与重点项目的实施。各分院和研究所结合地区和专业特点，抓好科技人员、管理人员和技术支撑人员的培训，形成培训分层、分类管理的制度化、网络化体系。

人才队伍建设是保障知识创新工程顺利实施的基础性工作。知识创新工程启动以来，中国科学院明确提出要充分发挥培训在人才队伍建设中的重要作用。随着"知识创新工程"实施进展，逐步建立起从培训需求出发的培训动态规划和组织实施机制。这一机制明确了培训主管部门指导、协调和检查全院培训工作的职责，明确了院机关各部门组织本系统管理干部培训项目的任务，要求院属各科研院所在制定发展战略规划时统筹安排人才资源开发和干部培训。

中国科学院专门制定了全院培训发展规划、管理办法和实施细则，明确对领导干部、科技人员、管理干部、技术支撑人员这四支人才队伍开展培训的目的、内容、方式和考核要求，强化规章制度体系建设。还相继颁布了有关文件，明确了对所级领导上岗培训、处以上领导干部境外培训、院学术研讨会、院专项技术培训班、博士生导师培训等院级培训项目的要求，每年公布全院培训计划和院属研究所培训情况，并在实施"知识创新工程"对研究所的评价指标中设置"完成培训情况"的二级指标，引导和督促各研究所的培训工作。这些措施促进了全院形成目标明确、安排合理、组织有序的培训格局，为"知识创新工程"人才队伍建设和推进"知识创新工程"做出了积极贡献。

1.4.3 覆盖全员

提高创新能力，不仅依靠个体，还要依托整体。中国科学院自建院以来，就利用院内外培训资源，对各层次、各岗位的职工开展全员培训，实现人力资源整体的保值增值。各研究所从组织发展需求和职工职业发展要求出发，不断调整培训项目开发体系、管理模式和激励约束机制，着力提升全员职工整体素质，增强创新能力，促进人才队伍建设的可持续发展。实践表明，开展覆盖全员的培训既是"以人为本""人人成才"的人力资源管理的基本职责，又是增强科技创新能力、提高培训投入产出效益的有效途径。

从全员培训制度建设入手，是中国科学院培训的显著特点。中国科学院长期关注各级各类职工的培训，在培训的发展目标、工作规范、培训指导、培训考核、管理制度等方面，贯彻了覆盖全员的核心理念，不断强化受训者、受训者所在单位和培训组织者的共识。

中国科学院分类施训的培训项目体系也体现了全员培训的核心理念。针对各类人才的培训需求，中国科学院明确培训重点、培训方式和培训组织负责者，大力开发特色鲜明、注重实效的系列培训项目。院机关各局和分院在组织开展管理人员培训时，注重整合优势培训资源，实施联合培训，以科研院所的先进管理经验带动全院管理水平的提高。各科研院所根据不同层次科研人员和技术支撑人员的培训需求，搭建学术交流和研讨平台，实施目标定位明确的培训项目，大力支持优秀青年骨干人才的国际化培养。

2012年3月，中国科学院启动"全员能力提升计划"，实施项目培训和自主选学相结合的施训方式，完善培训工作机制，持续提高全员整体水平和素质。以"谁用人，谁培训"为原则，在培训工作机制方面明确院、所两级法人培训职责。在所级层面，各单位加强对初次任职的各类人员的培训工作，包括新任职、职务职级晋升等培训，做到上岗前或上岗后半年内参加培训；保证在职在岗人员每年接受培训时间达到国家规定的培训学时要求。在院级层面，做好所（局）级领导培训、中层管理骨干培训、公派留学、专项培训等重点工作，督促各单位加大对在职在岗职工培训力度。

1.4.4　注重效益

培训投入是用于职工知识更新、技能开发和能力提升的投资，培训效益是决定培训投资的关键。对职工进行培训投资后，如果能有效提高工作技能和实现人力资本增值，便可以用培训后科研和管理生产率的提高，来弥补培训造成的人力资本投资成本。中国科学院各单位在严格执行国家有关规定的前提下，通过多种渠道筹集培训经费，支持骨干人员进修、研讨和参加学术交流，提高持续创新能力。许多研究所根据人力资源开发需要，制定了培训工作规划和年度工作计划，并单列培训经费预算，统筹安排员工参加培训。

在确保培训投入的基础上，中国科学院注重项目实施后对组织和个人的近期影响和中长期作用，从而有依据地不断完善培训项目设置，提高培训效益。通过开展对培训项目的培训方案、教学实施、培训效果等关键环节的质量评估，实现培训规模、质量与效益的协调发展。坚持"评教结合、以评促教"的原则，加强了对各科研院所培训工作的组织领导、项目实施、任务完成、经费投入等方面的检查评估，并将评估结果与承担院培训重点项目紧密结合。

1998年实施知识创新工程以来，中国科学院进一步加强了所（局）级领导和管理骨干的培训力度，所（局）级领导干部年培训量增长较快，每年有近半数的所（局）级领导参加系统培训。为增强培训效果，对多项培训项目的培训课程进行了较大调整和持续改进。如所（局）级领导上岗培训班，在增加针对性、实用性的同时，强化了领导角色意识和领导能力的培养，通过"精选课程，突出案例，典型示范，研讨交流"，不断充实与更新培训方法和手段，使新任所（局）级领导尽快适应新的角色，增加责任感和使命感，提高领导艺术及驾驭全局的能力。训后的所（局）级领导干部认为，培训是提高自身领导艺术和领导水平的有效途径，通过培训转变了观念、开阔了思路、增强了信心，有利于促进所在单位的发展。

注重管理干部的培训，采取多种方式，增强培训的针对性和实效性。组织开展处级以上领导干部的境外培训，既严格遵照"认真选择海外合作单位、认真设计培训课程、认真选择参训人员、认真监督培训过程、认真组织总结编印论文"的要求，又根据全院中心工作和战略行动的需要，及时调整培训国别及培训课程，使参训对象在开拓科研院所现代管理视野的同时，不断提高实际管理决策能力。再如与清华大学、美国威斯康星大学联合举办 EMBA、MPA 课程高级研修班，有 65 位学员参加了系统培训。这种研修班形式的培训，为大多数出身于理工专业的科研院所领导和管理骨干提供了系统学习现代管理知识的机会，使他们的思想观念受到很强的冲击，综合管理能力得到了较大提高。

进入 21 世纪后，高校、社会培训机构和行业培训机构提供的培训资源越来越丰富，培训手段越来越先进。中国科学院相应地推进了培训资源的整合共享和优化配置力度，发挥优质培训资源为全院人力资源开发服务的整体功效，促进人力资本增值。各研究所也从培训需求出发，主动整合各种培训资源，实现培训投入的效益最大化。

1.4.5 培训项目品牌化

培训项目品牌化是以精品培训项目为基础，统筹考虑培训规模、培训效益和培训项目可持续发展，建立培训项目规范，实现精品培训项目的可复制、可推广和质量持续提升。中国科学院在多年培训实践的基础上，明确提出要精心设计和不断拓展培训形式，形成特色品牌培训项目。主要做法是院培训主管部门负责整体规划全院品牌培训项目建设，研究所和其他施教单元具体负责品牌培训项目的组织、实施和管理。

研究生导师培训是中国科学院一项有代表性的品牌培训项目。随着中国科学院研究生教育规模的扩大，年轻博士生导师的数量也在迅速增加。45 岁以下的博士生导师数量逐年增加，他们知识层次高，把握、跟踪科技前沿的能力强，具有较强的竞争精神和开放意识，但在指导研究生开展科学研究的实践经验方面有所不足。中国科学院在 1999 年率先开办了博士生导师上岗培训班，5 年时间内就举办了 39 期，约 1470 位博士生导师参加了培训。研究生导师培训受到教育部和国家学位委员会办公室的肯定，并在全国高校和科研院所得到了推广。据参训的导师反映，除上岗培训外，他们还希望接受定期培训，研讨交流研究生培养经验。这是从"被动接受"培训向"主动参与"的巨大转变。

中国科学院在开展高水平科学研究的过程中，积累了许多领域的高新技术和学科前沿知识，通过精品化的培训项目，可以实现这些知识在全社会的共享。"专项技术培训班"是这类培训项目之一。该项目定位于专业性、高层次、高技术技能的培训，以充分发挥相关研究所的专业特长、技术和人才资源优势。2004 年中国科学院首批"专项技术培训班"，分别由 10 个研究所主办 10 期专项技术培训班。各培训班在开班前，均在全院相关研究所及院外相关科研单位、高校、高技术企业中进行广泛宣传，得到了相关机构的积极回应。首批 10 个培训班有 850 名学员，主体为中国科学院系统的科研人员，还有来自院外科研机构、高校和企业的科技人员。如大连化学物理研究所"可靠性设计与分析"培训班的学员主体为本所学员（52%），还有院属所外研究所的学员（30%）和其他高校及科研单位学员（18%）。这些培训开办后，根据培训市场的广泛需求，多次续办，取得了很好的社会效益。如成都山地灾害与环境研究所多次举办的"山地灾害基础知识及其防治"系列培训班，以课堂授课与野外实习为主要培训方式，学员以听课与自学相结合、小组讨论与大会交流相结合的方式接受培训。参训学员来自全国各地的国土、司法、水利、城建、农业、科技和气象等部门及县乡级领导干部和技术人员，为地方（特别是西南地区）建立群测群防的防灾减灾体系做出了贡献。

1.5　培训理念的实践效果

中国科学院根据发展战略、组织架构和科研任务的需要，开展了形式多样的培训活动，逐渐形成了培训的核心理念。这些核心理念是中国科学院培训体系的特色所在，对进一步做好科研院所人力资源培训与开发有一定的参考借鉴意义。

1.5.1　知识创新工程以来的实践历程

在这些理念的影响下，中国科学院不断创新培训工作机制，持续开发培训与培训项目，完善培训体系。以下对 1998 年中国科学院实施"知识创新工程"以来的培训实践历程进行简要分析。

1998～2000 年实施"知识创新工程一期"期间，中国科学院从岗位需求出发，围绕提高创新能力这一中心工作，陆续实施重点培训项目，有计划地培养组织发展的骨干力量，先后推出"跨世纪所级领导美国培训班""中层管理骨干班""韩国经营开发培训班"等项目，受训人员在后来的院内各项事业发展中做出了重要贡献，彰显了这些项目很好的长期效益。1999 年在全国率先开展"博士生导师教书育人培训班"，起到了示范和引领作用，为中国科学院研究生培养质量的提高发挥了深远影响。

2001~2005 年"知识创新工程二期"期间，根据全面推进阶段人才队伍建设的需要，中国科学院着重加强培训政策研究和管理创新，颁布实施《中国科学院全面推进阶段继续教育实施意见》《中国科学院继续教育管理办法》等系列政策规定，建设了覆盖全员的培训工作规范、培训指导、培训考核、管理制度等制度体系。对重点培训项目进行了较大幅度的调整，加大了所（局）级领导干部的培训力度，设立创新战略论坛、院学术研讨会、专项技术培训班、公共管理硕士课程研修班等培训项目，有的项目还多次续办，逐步成为培训质量高、培训效益佳、社会声誉好的品牌化项目。

2006~2010 年"知识创新工程三期"期间，根据实施知识创新工程一期和二期后人才队伍成功实现代际转移的新特点，中国科学院制定了《中国科学院 2006—2010 年继续教育规划》，大力推进院、所两级培训体系建设，不断增强各支人才队伍的学习能力、实践能力和创新能力。按照中央关于"大规模培训干部"的要求，进一步完善了富有科研院所特色的所（局）级领导干部培训体系。围绕技术支撑队伍、成果转移转化队伍等人才队伍建设的新需求，设立技术支撑人员出国进修访问、联想学院等培训项目，充分利用院内外培训资源，促进各支人才队伍的均衡、协调发展。各研究所全面推广新员工入职培训，院机关职能局积极组织开展相关业务培训，分院组织开展研究所中层干部管理技能开发和管理研讨活动，青年科学家国情考察、"百人计划"国情院情培训班、青年骨干（所长助理）培训班、支部书记培训班、"培训培训者"等特色培训活动相继推出，既适应了知识创新工程的人才队伍建设需要，又切实促进了人力资源的增值和全员创新能力的提高。

经过多年努力，全院各单位普遍认识到培训工作的重要作用，形成了院所两级齐抓共管、协同推进的良好局面。据 2010 年 10 月在全院 129 个院内机构（含中心、分院）进行的单位问卷调研显示，78% 的所级机构有培训管理制度，72% 的所级机构有培训规划，59% 的所级机构有培训主管，93% 的所级机构有培训计划。在 2009 年人力资源和社会保障部组织的全国继续教育工作会议上，中国科学院作为先进单位代表，做了大会交流发言。

1.5.2 实践成效

中国科学院培训理念有鲜明的科研院所培训特点，其实践成效主要体现为促进科技创新事业的均衡、协调和可持续发展，具体反映在以下 4 个方面。

1）服务人才队伍建设。中国科学院坚持组织发展需求与职工职业发展需要相结合的原则，发挥培训在全院人才队伍建设的基础性作用。分级分类的培训，使所有职工都能够而且必须学习新理论、新技术和新技能，积极应对科技进步加速带来的新变化。院和研究所（分院）分级开展的培训项目相互补充，不断满足与中国科学院发展时期和阶段相适应的人才队伍建设需要。

2）终身学习常态化。中国科学院重视培训的优良传统和相应制度，使受训者、受训者所在单位和培训组织者形成了终身学习常态化的共识。分类施训的项目体系，使所（局）级领导干部、科研人员、管理人员、技术支撑人员等根据岗位层级、在岗时间的不同，及时参加针对性强、目标定位明确的培训项目。中国科学院教育信息化项目中重点建设网络化培训平台，实现了培训的业务管理平台与学习平台有机结合，为全院职工终身学习打下了基础。

3）青年人才培训充满活力。中国科学院全院职工平均年龄38.6岁，35岁以下职工所占比例为48.7%（2012年12月底数据）。青年人才有提高创新能力的巨大潜力，是中国科技事业的希望所在。在"覆盖全员"的理念指导下的培训中，最大的受益者也是青年人。在中国科学院培训理念的影响下，面向青年人才的培训工作孕育着勃勃生机。据2010年10月向全院129个所级机构（含中心、分院）进行的单位问卷调研显示，全院82%的所级机构将35岁以下的青年科技人员和青年管理人员列为"十二五"重点培训对象，纷纷加大投入，支持青年人才脱颖而出。

4）加速知识在社会的扩散与应用。中国科学院利用自身的人才优势、创新资源和创新成果，相继开发了一批针对性强、注重效应的培训项目，逐步形成了一些特色鲜明、效果显著、初显"品牌"效应的培训项目。这些培训项目除服务全院人才队伍建设和提高员工创新能力外，还向社会开放，起到了促进最新研究成果、创新知识和创新技能在社会扩散与应用的作用。

参 考 文 献

何岩，张洁，段异兵. 2001. 继续教育与知识创新工程. 科研管理，22（3）：100-107

黄崇江. 2009. 科研院所高层次人才继续教育培养初探. 继续教育，9：6-7

赖燕萍，苗水清，谢波. 2008. 农业科研单位专业技术人才继续教育工作思考. 继续教育，9：11-12

刘久义，帅周余. 2012. 航天一院构建智慧型企业大学. 现代企业，7：62-63

刘毅，张洁. 2006. 面向创新能力建设的继续教育与培训. 中国科学院院刊，21（5）：385-390

罗宏. 2005. 现代科研院所制度探微. 科学学与科学技术管理，8：34-37

张藜，等. 2009. 中国科学院教育发展史. 北京：科学出版社

赵晟. 2006. 弘扬神舟文化培育航天英才——记中国空间技术研究院神舟学院. 中国航天，7：5-6

中国科学院. 2012. 中国科学院年报. http：//www.cas.cn/jzzky/nb/nianbao2012 ［2012-10-17］

中国科学院办公厅. 1979. 中国科学院年报：5

中国科学院办公厅. 1983. 中国科学院年报：489

第二章　科研院所培训制度的构建

　　培训制度是科研院所制度体系的重要组成部分，是提高各类人才队伍整体素质的重要保障，也是科研院所人力资源开发的重要环节。建立和健全科研院所培训制度，可以使培训工作在职工思想认识上达成共识、工作上形成合力、实践中彰显特色，从而不断增强培训工作的针对性、实效性和创新性。本章说明培训制度的内涵与作用、类型与结构，介绍科研院所培训制度构建的总体要求、构建原则、基本方法与步骤，重点讨论培训制度构建的主要策略。通过中国科学院培训制度构建的 5 个案例，具体阐释科研院所构建培训制度的经验与探索。

2.1　培训制度的内涵与作用

2.1.1　培训制度的内涵

　　美国新制度经济学家道格拉斯·诺思认为："制度提供框架，人类得以在里面相互影响。制度确立合作和竞争的关系，这些关系构成一个社会……制度是一整套规则，应遵循的要求和合乎伦理道德的行为规范，用以约束个人的行为。"也有专家认为，制度是关于个人及组织行为的规则，是关于个人及组织的权利、义务和禁忌的规定。权利规定可以采取什么行为，义务规定必须采取什么行为，禁忌规定不准采取什么行为。任何一项制度，从国家宪法到乡规民约，都是为个人或组织行为划定一个可行和不可行的界限，都是为行为确定一些规则。从本质上说，制度是人为设定的制约，是社会的游戏规则，它约束和规范个人或组织行为。制度是做好一切工作的基础条件和重要保障，它提供一定的框架依据，确保工作能够有条不紊地顺利开展。

科研院所培训制度是科研院所依照国家和有关部门的法律、法令、政策而制订的具有法规性或指导性与约束力的各项规则，是科研院所为规范培训活动而制定的一系列工作规程和管理规范。通过一系列的规章制度，确立培训活动的实施准则，减少影响培训工作的摩擦或阻力因素，避免可能出现的工作混乱，确保培训活动的正常开展，可以从根本上提高培训工作的规范性和工作效率。中国科学院一直十分重视培训制度的建立，尤其在实施知识创新工程以来，为进一步加强培训工作，陆续出台了《中国科学院 2006—2010 年继续教育规划》《中国科学院继续教育管理办法》《中国科学院继续教育证书管理办法及实施细则》《中国科学院公派留学管理办法》等一系列规章制度，不断完善培训工作制度体系，大幅提升培训工作效率和效益。

2.1.2 培训制度的作用

培训制度必须具有科学性、系统性、规范性和可操作性，并建立持续改进的长效机制，主要具有以下 4 个方面的作用。

1）贯彻落实国家有关政策。近年来，国家相继颁布了科技、人才和教育的中长期规划，相关政府部门出台了配套文件，要求用人单位结合自身实际和工作需要，制定实施具体方案。2006 年颁布的《国家中长期科学和技术发展规划纲要（2006—2020 年）》及其配套政策提出：要依托重大科研和建设项目、重点学科和科研基地以及国际学术交流与合作项目，加大学科带头人的培养力度，积极推进创新团队建设；注重发现和培养一批战略科学家、科技管理专家（李学勇，2011）。2010 年颁布的《国家中长期人才发展规划纲要（2010—2020年）》提出：要以高层次创新型科技人才为重点，努力造就一批世界水平的科学家、科技领军人才、工程师和高水平创新团队，注重培养一线创新人才和青年科技人才，建设宏大的创新型科技人才队伍。2010年中共中央办公厅印发的《2010—2020 年干部教育培训改革纲要》要求"大规模组织干部培训，大幅度提高干部素质"。中国科学院也结合人才队伍建设的需求，启动了"中国科学院全员能力提升计划"，强化对全体职工的教育培训工作。

2）执行国家相关法律法规。规范完备的制度建设是有效开展培训工作的根本保障。我国政府对职工培训工作十分重视，并以法律形式确立了职工培训的地位和作用。《中华人民共和国劳动法》第六十八条规定："用人单位应当建立职业培训制度，按照国家规定提取和使用职业培训经费，根据本单位实际，有计划地对劳动者进行职业培训。从事技术工种的劳动者，上岗前必须经过培训。"中国科学院所属一百多个单位基本上建立了新职工上岗培训制度，定期举办新职工入所培训班，帮助其更好地融入研究所的文化氛围、尽快适应科研工作环境。

3）满足培训工作规范需要。培训是增强职工胜任能力、提高职工队伍素质、实现用人单位人力资本增值的重要途径之一。它为职工创造学习机会和环境，促进了职工的成长，并推动学习型组织的建立。当前我国职工培训工作已显现出大规模、广覆盖的特点。要能够有条不紊地分领域、分类别、多层次、按计划顺利开展培训工作，就需要加强建章立制工作，切实推进有章可循、有章必依的制度规范建设。

4）强化"以人为本"的培训价值取向。职工培训能够满足受训者自身价值提升的需要。借助于培训的教化作用，职工的岗位知识能够持续得到补充、更新和拓展，业务能力可以不断增强，工作业绩和自身价值的提高也就水到渠成。

2.2 科研院所培训制度的类型与结构

2.2.1 科研院所培训的特点

与企业员工培训相比，科研院所的职工培训具有以下 5 个特点。

1）培训需求多样。科研院所的职工培训需求既包含关于学科发展前沿趋势把握的需求，又包括对于国内外发展态势及政策法规的了解需要。有提升自身创新能力、提高创新技能的需求，也有把握管理规律、提升团队水平的需要。有涉及个人修养提升的需求，还有涉及学术德道与学术规范建设的需要。有国际间高水平同行交流的需求，也有国内相关研究同行间交流的需要。有长期系统补充学科知识与理论的需求，又有短期提升某一技能的多样化需要。

2）培训内容呈现出"高、精、尖"特点。科研院所面向国际科学前沿、面向国家战略需求，进行基础性、战略性、前瞻性的科学研究与技术开发活动。在对国际科学前沿了解的同时，更加注重对原创性、战略性的系统把握，培训需求的层次高、内容新，培训内容的前沿和前瞻性特点显著。如中国科学院各研究所举办众多学术会议时，往往邀请世界一流科学家到所开展专题讲座，对学术最前沿的某些问题展开研讨。

3）培训形式多样。科研院所的培训既要适应不同学科的差异，又要满足不同层次、不同类型职工的需求；既要成功保留传统培训形式的特色与实质，又要不断创新发展完善培训的形式与内容，体现与时俱进的要求。中国科学院大多数职工具有研究生学历，一些科研骨干更是所在领域的行家里手。他们求知欲旺盛、接受新事物快、学习能力和创新能力强，这决定了科研院所培训形式要适应职工起点高的特点。

4）培训对象的工学矛盾较为突出。不少职工由于业务工作繁忙，难以保证在上班时间内全程参加规定的培训课程。这需要统筹兼顾、合理安排培训，让培训对象能够充分利用好培训时间，同时也要采取多种方式，增强培训的吸引力和效果，以缓解工学矛盾。

5）科研院所培训需要具备较高的组织管理水平。科研院所开展的各项培训，内容体现出学科专业发展的前瞻性，突出了创新意识和创新能力的培养；培训形式灵活多样，注重完善在线培训的开发与管理，积极鼓励职工自主选学；注重加强对于青年职工的言传身教，使研究所的科学精神和优良传统能得到传承。这都要求有很好的组织管理水平。

2.2.2　科研院所培训制度的主要类型

根据培训制度类型（侯晓虹，2006）和科研院所培训特点，可以把科研院所培训制度归纳为7个类型。

1）培训责任制。建立培训责任制是把培训活动组织和实施的责任分解落实到科研院所、职工本人和培训部门三方。制定培训责任制时需要确保：科研院所的领导应当关注培训工作、支持培训工作、积极参与培训活动，并把帮助和指导下属作为己任；职工本人应当积极履行参训职责，认真努力学习，并把在培训中掌握的职业道德精神及业务知识技能，落实和运用到实际工作中去；培训部门不仅要制订符合本单位自身特色的培训责任制，不断健全完善培训与职工职业发展相挂钩的相关制度，更要保证上述制度得到贯彻落实。如在《中国科学院继续教育管理办法》第五条规定培训责任，即："人事教育局是我院继续教育的主管部门，负责全院继续教育工作的规划、组织和管理。中国科学院研究生院（现为中国科学院大学，下同）、中国科学技术大学、各分院和教育基地是我院实施继续教育的主要基地，面向本院和社会开展相关专业的继续教育活动"。

2）岗前培训制度。岗前培训制度是职工上岗、就职或转岗前，需要接受与其岗位工作相关的知识技能及道德素养的培训，使其能够尽快胜任岗位工作，并力争实现个人职业发展目标与所在部门发展目标保持一致。该项制度要对必须参加岗前培训的人员资格进行明确界定，还要对岗前培训的实施时间和具体内容做出详尽规定。

3）岗位资格证书与培训档案管理制度。实行培训证书制度，能够推动职工培训登记备案制度的落实。借助于各类完备的培训登记记录清单，有助于建立将培训与对职工的考核、激励相挂钩的配套机制。职工的参训情况和学习成绩，可用作其年度考核、任职、定级和职务晋升的评价指标之一。培训档案管理制度是做好上述工作的保障和前提。培训档案管理是培训部门对举办的各级各类培训活动的登记或记录，以及对相关培训工作资料的整理和分类，并对这些记录和工作资料进行归档保存。如为配合中国科学院人才队伍建设规划，中国科学院实行继续教育证书登记制度，这对加强培训工作宏观管理产生了深远的影响。

4）培训考核评估制度。培训考核评估是对培训实施后的效果进行检验，对开展培训活动取得的成效进行评判。培训考核评估制度由培训评估制度和培训跟踪制度两个紧密相连的部分组成。培训评估制度主要应用在采取培训现场考核的方式，考查受训者所掌握的知识、理论和技能，而跟踪制度主要应用在评价受训者在参训后的工作完成情况。二者有机结合，不仅能够全面科学地评价培训效果，还可以为制定下一年度培训计划提供参考和依据。

5）培训奖惩制度。培训奖惩需要依据培训评估和跟踪调查的结果来开展。科研院所如果没有基于培训考核评估结果的激励约束机制，可能会导致职工对参加培训活动不够积极主动，对培训跟踪评价的结果也不够重视。在实施培训奖惩制度的过程中，应当以确凿的书面记录作为依据，并对于培训表现优秀或不良行为者，做出相应的奖惩规定。如中国科学院研究所对在职职工参加培训的费用支持方面规定，需在取得培训证书或学历学位证书后方给予报销相关费用。这在一定意义上，就是对职工参训的效果评估，也是对职工参训的激励与约束，可在确保培训实效的同时对职工参加培训予以奖励。

6）培训师资管理制度。为充分利用施训者资源，对于施训者管理可按照"素质优良、结构合理、规模适当、内外结合"的原则，来打造施训者队伍，并逐步形成单位内训师及聘请外部教师相互兼有的师资库。该项制度除需要对于施训者的管理加以明确外，还应当对培训部门开展相关工作提出具体要求。如中国科学院武汉物理与数学研究所自2008年以来，充分利用现有学科与技术优势，连续举办了磁共振技术高级培训班，并建立了由所内专家组成的内训师团队，以保证培训的质量。

7）培训风险管理制度。培训风险管理制度主要针对投入较大、参加用时较长的重要培训的职工。这类培训一方面本身成本很高，另一方面受训者在参训后如果出现离职，将会给用人单位造成较大损失。科研院所通常会要求受训者在培训前签订协议，对其参训后的离职行为加以约束。与此同时，一些科研院所又把这类重要培训与促进职工职业生涯发展予以有机融合，使之成为推动职工职业成长的重要手段之一。

2.2.3　科研院所培训制度的结构

科研院所的培训制度，既要执行国家、部委颁布的有关政策法规，又要结合本单位实际，制定出本单位的规定、办法或细则。图2-1是以中国科学院所属研究所为例，说明国家相关法律、部委相关规定以及中国科学院有关制度对于研究所构建培训制度的指导和约束作用。

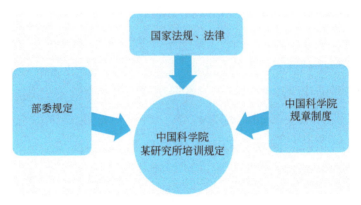

图 2-1　中国科学院所属研究所培训制度层次结构

　　由此可见，科研院所构建完备的培训制度是一项系统工程。只有全方位按层次做好培训制度构建的各项具体工作，才能使培训工作有法可依，有章可循，照章办事，实现科研院所培训工作的全过程、各环节的专业化、系统化和规范化，为形成行之有效的培训工作机制创造良好的条件。

2.3　科研院所培训制度的构建

2.3.1　总体目标

　　培训制度是做好培训工作的重要前提和基础。科研院所培训制度的构建目标，应当与本单位培训工作实际紧密结合，寻找到可操作性强、能体现科学性、系统性和规范性的发展途径，并以渐进的方式逐步完善，使制度范围能做到横向到边、纵向到底，促使培训工作全流程系统、完善、科学、有效，培训质量实现全面提升。在此基础上，确保各级各类人员的整体素质、岗位工作技能和创新意识不断提高，人力资本持续增值，核心竞争力不断增强，最终实现科研院所的可持续发展。

　　培训要成为开发人才创造力和推动科技进步的战略保障，需要立足当前，着眼长远。在系统谋划培训制度的构建过程中，应当着力体现以下4个方面的工作目标：①突出政策性，确保培训工作开展规范有序；②强调针对性和实效性，促进培训的质量效益不断提高；③注重前瞻引领性，充分发挥培训的先导示范作用；④增强创新性，保持特色与活力，让培训工作真正做到与时俱进。

2.3.2　构建原则

　　科研院所在构建培训制度过程中，应当遵循以下6项原则（胡建江和许超，2011）。

　　1）流程性原则。培训部门应当按照培训活动环节的自然流转顺序，结合每个环节节点需要达到的要求，来设计有关制度，并将制度要求落实到培训流程之中。

　　2）全面性原则。培训部门设计的有关制度，范围应当涵盖培训涉及的所有方面，避免出现管控缺失或存在制度空白，保证培训工作能够实现闭环管理。

　　3）制衡性原则。培训部门设计的有关制度，应当在工作流程的权责分配方面形成相互监督、相互制约的机制，并同时兼顾实际工作的效率。培训制度需要不断适应新形势和新情况的变化，对其中已不适用的条款内容加以修订调整、逐步完善，以满足工作实际的要求。

　　4）激励性原则。制定与实施培训制度，离不开科研院所职工这个对象。只有坚持激励导向，才有可能充分发挥职工的积极性、主动性和创造性，才有可能实现培训制度运行的最佳状态。

　　5）可操作性原则。制度是用来执行的，因此要使制度在培训工作实践中具有较强的可操作性。在制定时不宜过于抽象、笼统、原则，而需要明确、具体、详细地说明相关要求及其相应配套措施。

　　6）发展战略导向原则。培训制度需要符合科研院所的发展战略及人力资源发展规划的要求。只有紧密围绕发展战略与人力资源规划的制度，才能真正充分发挥培训对于人才队伍建设的支撑保障作用，使科研院所人力资本得以持续提升。

2.3.3　基本方法

构建科研院所培训制度，主要有两类基本方法：参照借鉴和创新发展。

参照借鉴，是对照比较并学习借鉴上级单位以及兄弟单位有关职工培训的各种规章制度。如把其他单位在实际工作中执行效果好、流程顺畅、经济实用的经验和办法，加以整理和参考，结合本单位的实际需要依照本单位的培训制度规划，建立健全相应的规定办法和实施细则等。对被参照的制度在以往执行过程中存在缺陷、效益效果不理想、明显冗余的规定、办法、细则等，须加以调整和修改后再予以实施。如在中国科学院的总体规划或管理制度约束下，各研究院所根据自身实际，制定相应的实施细则或具体办法。由于情况相似，不同研究院所经常会相互借鉴学习，这样一方面减少了不同研究院所间的差异与不平衡，另一方面从客观上也提高了中国科学院层面的制度成效。

创新发展，是自主完善、丰富、更新、创设有关职工培训的各种新规章和新办法。创新和发展培训制度，其源泉和动力在工作实践之中。要让制度能够可操作性强且有效激励培训工作的持续开展，最终推动职工岗位能力水平的全面提升。在具体工作中，应当根据职工培训发展的新情况和新要求，不断健全完善培训制度建设，为持续提升培训工作水平提供切实保障。

无论是参照借鉴还是创新发展，科研院所构建培训制度都要经历全面梳理和系统规划两个阶段。全面梳理阶段，是从国家法律和战略部署、部委政策法规、单位规章规定等纵向层次维度对制度加以整理，从培训计划制定、项目策划、实施、评估、登记备案、经费使用等横向类别维度对制度加以整理。系统规划阶段，是将纵向层次维度的制度与横向类别维度的制度，搭建构架形成相互补充、相互支撑的立体交叉网络型的制度体系（陆益龙，2009），推动培训工作实现科学发展。

在编制具体培训制度时，要合法依规、内容完善、便于实施、言简意赅、通俗易懂，并完善相关配套保障措施。同时还应当注意总结经验教训，并敢于突破常规思维的束缚（曹震，2011）。只有这样，才有可能不断提高培训的组织管理水平，为持续提升职工培训工作质量奠定坚实的基础。

2.3.4 主要策略

进入 21 世纪以来，科研院所积极探索培训制度的构建策略，从规范、约束、引导、激励等多方面进行了积极探索。不同的科研院所，应当依据自身的实际情况，选用不同的培训制度策略构建。以下介绍其中的 5 种策略（熊建华，2010）。

1）全方位联合的"共享式"制度设计策略。通过顶层设计，针对不同培训需求，采取区域间协同、内外部协同等方式，探索提高培训课件资源和培训师资利用的新方式；采用与地域相近的兄弟院所联合举办各类培训班，或与有关培训机构建立良好的合作关系，搭建起稳固的培训师资及课件共享平台。在现有培训制度中，通过健全培训课件资源及师资管理方面的规定，积极鼓励开展各种培训合作形式，借助于系统开放培训资源，不断创造机会让职工能够接触到更多精品内容，增强培训的实效性。

2）促进全员发展的"愿景式"制度设计策略。通过深入调研研究所职工的培训需求，建立起助力全员实现"职业愿景"的培训体系。依靠岗位职务描述和人员素质测评制度等现代培训需求调研手段，准确定位不同岗位职工需求培训的具体内容。通过建立关于培训需求调查和预测方面的制度规定，不断增强培训的针对性，持续提升职工的岗位胜任能力，力争实现职工个人职业发展与研究所可持续发展的完美融合。

3）层次分明的"多维度"制度设计策略。根据不同岗位能力的要求，对于具体培训内容、培训形式、培训师资、培训保障等多方面进行深入系统分析（寇丽梅和高文洪，2008），开展针对各级各类岗位人员的分系列、分层次的培训。该策略的关键在于做好培训项目开发的顶层设计，针对岗位的不同需求，组织相关培训，并注意采取灵活多样的教学形式（如采取情景模拟、案例分析、对策研究、学术沙龙等）（张广峻等，2012），以确保培训工作能够实现对于岗位业务技能的全方位提升。如"中国科学院全员能力提升计划"对培训人员、培训目标、所级和院级培训内容以及如何实施保障都作了明确规定，对开展各类人才的培训工作起到了重要的指导和督促作用。

4）指标完备的"检验式"制度设计策略。采用构建全面、科学的培训评估指标体系的方式，确保培训工作开展既严谨又有效。通过细化完善对于培训效果综合评估的各项规定，健全培训监督检查、整体评价等方面的管理办法，确保培训内容、教学方式、培训组织等方面持续有效得到优化。此外，通过设立补训制度，保障培训工作开展的全员覆盖。

5）与考核相挂钩的"激励式"制度设计策略。借助建立健全培训考核评估与岗位招聘晋升、绩效评价、薪酬福利相互联动的机制，充分调动职工参加培训的主观能动性。通过明确细化与培训考核评估结果相配套的奖惩措施方面的规定（如对于优秀学员在奖金补助、评优评先、晋升提职、参加更高层次学习或外派培训等给予政策倾斜等），使培训与人力资源管理其他方面的联系更为紧密，充分发挥出培训对于人才队伍建设和人力资本增值的支撑保障作用。

2.3.5　中国科学院培训制度构建概况

为确保人才队伍始终保持创新活力和竞争力，提高全院人才队伍的整体素质，使各级各类聘任人员的岗位知识和工作技能不断得到更新、补充和扩展，中国科学院认真做好职工培训的建章立制工作，已构建起较为完备的培训工作制度体系。这对于提高职工培训工作水平起到了重要的推动作用。

2000 年以来，中国科学院已出台了一系列有关职工培训工作的制度文件，主要包括：《中国科学院继续教育规划》《中国科学院知识创新工程全面推进阶段现有人员继续教育实施办法》《中国科学院继续教育证书管理办法及实施细则》《中国科学院继续教育指南》《中国科学院继续教育管理办法》《中国科学院全员能力提升计划》等（表2-1），涵盖了从总体发展布局到具体实施操作等多个层面。这些制度共同构成了具有目标性、指导性、约束性、实用性、法规性等特色的培训制度体系。

表 2-1　中国科学院培训制度的主要文件（2000 年至今）

序号	文件名称	颁布时间
1	中国科学院知识创新工程试点全面推进阶段加强对现有人员继续教育的实施办法	2001
2	中国科学院继续教育证书管理办法及实施细则	2001
3	中国科学院继续教育管理办法	2004
4	中国科学院 2006—2010 年继续教育规划	2006
5	中国科学院公派留学管理办法	2006
6	中国科学院继续教育指南	2008
7	中国科学院全员能力提升计划	2012

中国科学院各研究所从组织战略目标以及自身实际情况出发，注意借鉴有关经验，初步建立起研究所层面的职工培训制度体系。所级培训制度体系，一般是以培养高层次创新型专业人才为目标，着重加强能力

建设，注重完善对于培训工作开展的规范化管理，注重促进职工岗位素质和业务能力的提高，为顺利推动业务工作圆满完成创造必要条件。

根据在中国科学院内部不同学科领域开展调研的结果表明，中国科学院各研究所在构建培训体系前，能够做到把建立健全培训制度、完善所级培训制度体系放在首要地位，被调查的研究所均制订了开展职工培训工作的管理办法或实施细则。通过一系列制度的制定与实施，兼具规范性、针对性和实效性的所级培训制度体系已基本形成，这为各级各类人才的培养与开发创造了良好的环境。

研究所层面的职工培训制度体系现主要具备如下特点。

1）依据中国科学院文件规定，结合自身实际，建立起可操作性强的培训制度。目前研究所均制订有关于职工培训工作的管理办法或实施细则。这些制度重点明确、针对性强、覆盖面广、便于操作，为各级各类人员的培养与开发提供了重要的政策保障。

2）培训制度涉及内容广泛。被调研研究所的培训制度，对于不同级别或类型人员参加职工培训活动的具体形式、参训时限、经费开支、效果评价、服务期限等方面的问题，均有详尽规定，涵盖了职工培训工作涉及的各个方面。

3）培训制度体现流程管理。被调研研究所一般是参照质量管理体系的要求，对于开展培训工作的所有环节，实现了全流程的闭环管理。

4）培训制度执行到位，参训人员积极性不断增强。被调研研究所对于培训管理办法或实施细则所要求的主要事项，执行落实到位，参训人数持续增长，各级各类人员参加培训的积极性和主动性显著增强。

以下通过分析中国科学院在培训制度构建方面的有关案例分析，对科研院所培训制度构建加以进一步的诠释。案例单位在构建培训制度的设计和实施等方面各具特色，能够根据各自单位的不同实际情况，有针对性地侧重使用一种策略来构建培训制度。这些做法对于科研院所培训制度建设有一定的参考价值和借鉴意义。

2.4　案　例　分　析

2.4.1　案例1

中国科学院全方位联合"共享式"培训制度

中国科学院拥有涉及众多学科、分布广泛的一百多个研究所，在院、分院、研究所层面拥有大量学者专家等人才资源，网络培训、远程电化教育水平先进。全院职工包含科研人员、行政领导、管理干部、技术支撑人员等多种岗位类型，培训需求多样。为此，中国科学院需要组织不同层次的相应培训，需要建立能够满足不同岗位职工培训需求的培训课程库，需要有效整合院内外各类培训资源，需要建立具有较高业务水平且相对稳定的培训师资队伍。

为使培训工作能够全方位满足全院职工各种层次的需求，中国科学院通过健全完善培训工作的机制，制定实施全方位联合的"共享式"培训制度，促进各类培训资源能够实现优化配置与高效使用，提升全院科技、管理、支撑各支队伍能力与素质，为全院人才队伍建设，做出了积极贡献。

1）顶层设计。为充分发挥培训工作对于各级各类人才培养和队伍建设的重要作用，中国科学院早在"知识创新工程"试点推进阶段，就提出要逐步建立健全目标明确、内容多样、全面覆盖、资源共享、机制灵活的培训制度体系。

为此，院人事教育局对全院人力资源和培训资源情况进行全面调查摸底，并组织有关专家学者及从事职工培训工作的一线管理干部，结合有关人力资源培训与开发的理论与方法，参照国内外知名企事业单位的培训管理制度和先进经验，进行深入剖析。在此基础上，于2001年出台了《中国科学院知识创新工程试点全面推进阶段加强对现有人员继续教育的实施办法》（简称《实施办法》）。

《实施办法》对于开展职工培训工作的基本要求和主体内容进行了原则性规定，并针对科技人员、管理干部、技术支撑和产业化人员四支队伍，按照相应的培训目标，分别从培训形式、培训项目、培训内容等方面加以规定，使培训工作开展能够按照职工岗位需求进行分类，同时参照科研人员岗位胜任力模型的主要特征，体现出中国科学院"因材施教、分类施训"的培训原则。该办法的颁布，确立了中国科学院开展职工培训工作的基本目标、主要任务和原则，明确了培训计划申报与评审、培训组织管理、培训考核评估以及培训资源与经费使用等相关工作所需的制度细则，为所属研究所顺利开展培训工作构建了重要的基础性制度框架。

《实施办法》的颁布实施，经历了从院到研究所、从总则到细则的建设过程。这种统筹规划、分层设计的制度构建策略，体现了全方位联合"共享式"制度构建中有关"顶层设计"的要求，提高了培训资源的使用效益，从总体上全面奠定了职工培训工作的主体框架。

2）机制健全。中国科学院建立起以院人事教育局为主管，各分院及研究所相互配合，分工负责、分级组织、分类实施的培训工作机制。由院人事教育局确定有关职工培训工作的整体规划、宏观指导、协调服务、督促落实、组织实施等项工作的具体要求，各分院按照相应管理权限对职工培训工作进行分类指导和监管，各研究所则依据自身在培训工作中的管理职责，搭建起院级督导与所级管理相互衔接、不同层次培训相互补充促进的分层级运行管理模式。

在深入推进跨地区、跨领域、跨学科专业合作培训的实施过程中，院人事教育局，牵头做好全院职工培训的统筹规划、宏观指导、政策制定、资源调配等项工作，注意发挥各分院教育基地在培训课程建设、师资力量、培训场所等方面的优势，并结合分院和研究所的实际分类按需施教。各分院和研究所在组织实施合作培训时，密切结合自身培训工作规划、年度安排和职工实际需求，通过加强与兄弟单位、高校或企业之间的合作，在引进和开发精品课程及培训项目方面不断优化创新，大力推进优质培训资源的整合利用，促进了各研究所之间的学术交流，确保了全院各级各类职工的综合素质得到持续提升，增强了全院职工培训工作的影响力和社会效益。

3）制度保障。全方位联合的"共享式"的培训制度，需要实现对于培训资源系统、开放的整合利用。中国科学院建立有培训讲师人才制度，以分院教育基地为依托，在各研究所创设的特色培训项目中，根据课程需要，遴选优秀教师担任主讲，同时充分利用中国科学院的人才资源优势，聘请专家学者作为客座教授，充实师资队伍，持续改进培训效果。另外，采用与高校共建培训师资库的方式，按照不同类型培训班的具体需求，聘请既有深厚理论功底又有丰富教学经验的名师授课，联合举办培训班。

在联合举办培训班的过程中，建立"联合办班"的机制，提高培训效益。通过加强对于各类培训信息发布的沟通与交流，使培训对象得到有效整合。将培训对象相似、培训目标相近的培训，采取"搭车办班"、"联合施教"等形式开展各种联合培训，提升培训工作的效益。

此外，建立"院投入支持为引导、研究所承担为主体、个人合理分担培训经费"的经费配置投入机制，确保职工培训工作持续有效开展。院人事教育局负责建设全院性的职工培训基地，在组织管理、经费投入、师资队伍建设等方面予以保证，并按照"择优支持"的原则，安排专项经费组织实施精品课程和培训项目，对承办研究所匹配经费、给予支持。研究所是职工培训工作经费投入的主体，主要承担本单位各种培训费用，每年职工培训经费的投入比例不低于当年该单位职工工资总额的1.5%，并力争实现培训经费投入逐年增长、培训人数逐年增加、培训覆盖面逐年扩大的目标。研究所对于职工本人应当承担的各种培训费用也有明确要求。

4）规划引领。为确保培训工作能够紧密围绕中国科学院的战略任务和发展目标，满足与时俱进的要求，中国科学院在全方位联合"共享式"的培训制度中，体现出规划统领的特色，注重结合战略发展定位的新特点，及时加以调整和优化，使职工培训工作具备系统性和发展性，为全院科技创新发展服务。

在 2012 年颁布实施的《中国科学院全员能力提升计划》中，以战略性人力资源管理思想为指导，结合未来科技发展方向，提出了培训工作从面向岗位需求向适应未来发展能力提升转变、从强制性培训向个人发展和研究所发展需求相结合转变、从重点人群培训向全员培训转变、从计划性培训向系统性培训转变等培训规划理念。在这些规划理念的指导下，中国科学院、各分院和研究所在各自层面上做好职工培训工作的科学规划，以提升专业技能、培养创新思维、开发职工潜能为切入点，在培训资源共建共享上实现开放、合作的新局面；明确了对于培训资源利用的职责划分，由院人事教育局进行政策引导，各分院加以配套支持，各研究所积极参与，确保培训资源的优化配置与有序利用；突出了使用培训资源的效益导向，借助院所分层级的运行机制及相关监管与评价制度等，实现院所各方利益的共赢。

（素材提供人：中国科学技术大学 胡海洋 中国科学院人事教育局 张萌）

案例小结 中国科学院所属百余家研究所，涉及学科多、地域分布广，职工业务水平高、学习能力强，同时培训资源丰富、拥有良好的网络培训平台。为使职工培训工作能够满足众多高素质职工的需求，充分发挥出广分布、多学科的整体培训资源优势，中国科学院采取全方位联合"共享式"的制度设计策略，通过统筹规划与分层设计，并健全相关机制、落实制度保障、注重规划引领，构建起协同配合、科学高效的培训制度体系。这不仅拓宽了人才培养的渠道，使全院各级各类职工能够各学所需，提高全院职工的业务素质和综合能力，而且显著增强了全院职工培训工作的针对性和有效性，起到了为院所两级跨越式发展提供人才保证和智力支持的重要作用。

2.4.2　案例2

促进全员"愿景式"发展的研究所培训制度

随着信息时代的发展，中国科学院自动化研究所（简称自动化所）已经从传统研究领域，转型为致力于解决关系我国基于精密感知能力和海量信息处理能力的智能技术的新型研究所。伴随着研究所的发展战略从"以面向国际学术前沿为重点"，转向"以国家重大需求的应用为重点"，研究所的培训工作重点也随之转向围绕"争取重大项目"来开展。这要求研究所制定的培训制度能够推进职工与研究所的共同发展。

1）创新培训制度设计的出发点。培训部门在依据研究所发展战略转型需要的基础上，深入各研究单元进行培训需求调研，同时结合科研人员岗位特征胜任模型，设计出用以促进全所职工与研究所共同发展的"愿景式"培训制度。

培训部门首先进行了深入全面地调研，初步了解职工的培训需求。分别邀请研究所多位初中级、副高级和正高级岗位的研究人员进行座谈，并采用网络调查的形式，面向研究所职工开展分系列、分岗位的问卷调查，准确掌握不同职工对于培训的有关需求。

培训部门随后运用岗位职务描述和人员素质测评技术，精确定位不同职工所需着重培训的关键点，并参照中国科学院科研人员岗位胜任特征模型，进一步明确了促进各级岗位职工职业发展的培训需求。中国科学院科研人员岗位胜任特征模型是院人事教育局在2009年面向全院70个不同类型的研究所，对科研人员的岗位胜任特征进行调研，归纳总结出的胜任力模型。该模型确定的理想科研人员须具备如下所有能力：个体思维创新能力、分析型思维能力、团队目标设定、个人目标设定、人际理解力、决策能力、学术道德（图2-2）。

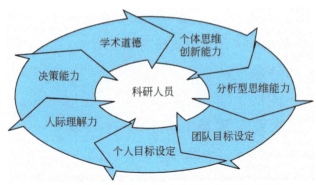

图 2-2 中国科学院科研人员岗位特征胜任模型

该研究所基于本所职工培训需求和岗位胜任特征模型，设计促进全员发展的"愿景式"培训制度，提升了全所职工的业务能力和水平，使他们能够掌握研究所发展所需的各项能力，有助于实现"促进职工成长与研究所发展"的愿景。

2）培训制度创新促进人才队伍建设。促进全员发展的"愿景式"培训制度，要求研究所可按照不同职级岗位分别深入组织系列培训，使之成为充分促进职工职业发展的重要保障。对于不同职级岗位职工的培训，需要针对不同需求，相应设置地不同的课程内容，组织开展相关培训，并注意做好新晋升职工的有关培训工作。表2-2给出了该研究所开展培训工作的主要形式。

表 2-2 中国科学院自动化所培训形式与目标对应示例表

岗位类别	培训形式	培训目标
正高级岗位	点名调训 集中培训 网络学习 交流研讨 ……	■ 把握科技前沿 ■ 增强管理能力 ■ 提升综合素养
副高级岗位		■ 拓展学术视野 ■ 提升业务能力 ■ 熟悉学科发展战略
中初级岗位		■ 胜任岗位要求 ■ 提升职业素养 ■ 促进职业发展

采取多种培训形式，助力研究所培训目标的实现。采用有针对性的培训内容和有实效性的培训形式，不仅便于职工本人明确自身的职业发展愿景，而且有助于推动培训部门组织实施促进职工职业发展的培训课程或项目，推动研究所的职工培训工作水平跃上新的台阶。

为使培训有利于全所职工顺利实现职业发展愿景，研究所注重将培训内容与研究所发展战略有机结合，及时调整职工培训的重点，以保证培训能够取得切实效果。为适应研究所发展战略的转型，培训部门根据制度要求，及时确立了职工培训的 3 个重点：①新型创新文化的培训。以往的研究所文化，是大学型的文化，职工各干各的，互不干扰。如今工程型的创新文化，强调合作，强调流程，需要在管理流程的引导下开展各项工作。为此需要加强"双赢合作、高效流程"的文化理念培训。②公关能力培训。科研项目的争取是科研工作开展的前置环节，与政府、企业和社会各界有密切关联，这就离不开公共关系的协调与沟通。而研究所大多数科研人员一般只会"埋头干活"，公关知识与技能还比较缺乏。为此需要加强高效沟通与公关技巧的培训。③项目管理培训。根据培训需求，如何有效进行项目管理，特别是如何管理好大型科研项目，对于研究所科研骨干而言亟须加强。为此，通过组织团队管理与队伍建设、科研经费管理等项目管理方面的培训，提升骨干人员的管理水平。

此外，通过建立研究所与研究单元对于培训工作各司其职的分工机制，提升了培训促进职工职业发展的实际效果。由研究单元负责开展面向前沿的各类专业技术培训；由研究所负责专业技术之外的各种通用类培训。明确的职责分工，也是促进全员发展的"愿景式"培训制度的构建要求之一。

通过制定促进全员发展的"愿景式"培训制度，自动化所提高了职工培训工作的针对性和实效性，已建成了分别针对科研、管理和支撑岗位职工的课程体系，使得所内职工参加培训的积极性和主动性得到明显增强，为其学习掌握符合职业发展和研究所需要的知识和技能创造了良好的机会和条件。这说明，培训只有密切结合研究所的发展战略，使职工学习掌握的培训内容更加符合研究所发展的需要，才能切实增强培训成效，为促进职工与研究所共同成长创造必要条件。

（素材提供人：中国科学院自动化研究所 颜廷锐）

案例小结 中国科学院自动化研究所根据研究所发展战略转型的需要，通过构建促进全员发展的"愿景式"制度，全面调查培训需求，并结合岗位特征胜任模型，明确了研究所不同职级岗位的培训内容和形式。这不仅满足了职工本人和研究所发展的需要，还有效提升了职工和研究所的科研创新能力。此外，借助研究所与研究单元各司其职的培训组织架构，确保了培训能够面向学术前沿和重大需求，有效促进了职工与研究所的共同持续发展。由于推动全员提升的"愿景式"培训着眼于未来，自动化所可持续发展的美好前景触手可及。

2.4.3　案例3

"多维度"培训制度设计

中国科学院长春光学精密机械与物理研究所是一家拥有两千余名职工、工作岗位多样、学术实力雄厚的科研机构。该所对于职工培训工作始终秉承这样一种理念：研究所要满足人数众多、类型多样的培训需求，应当把职工培训工作作为一项系统工程来抓，并借助于不同维度的制度予以保障。

培训制度建设首先需要针对不同岗位的特点，以满足多方面实际需求为导向进行系统规划。同时，为使培训工作顺利开展，需要整合人、财、物方面的资源予以保障，并实施基于考核评价结果的培训激励约束机制。换言之，通过制定层次分明的"多维度"培训制度，可以推动培训工作优质高效地圆满完成。

制定层次分明的"多维度"培训制度的关键所在，是要对于培训制度做好顶层设计。研究所在统筹规划时，需要从职责分工、课程开发、运行保障、激励约束等多维度确立培训制度，并据此组织开展持续深入的系列培训。

1）分工开发层次分明的培训课程体系。对于职工培训的总体规划、项目实施与管理，研究所实行人事处与业务部门分工配合、协同实施的制度，构建形成以人事处为主管部门，各研究部（室）、管理及支撑部门主管培训负责人以及一名培训管理员共同参与的培训工作组织架构（图2-3）。

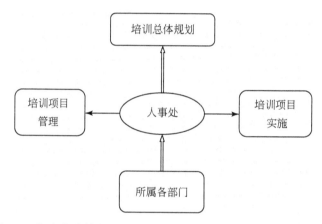

图2-3 长春光学精密机械与物理研究所培训组织实施架构示意图

在职工培训工作的职责分工方面，人事处主要负责搭建平台、提供资源、协调管理，组织需求一致、涉及范围广、参与职工多的共性培训；各业务部门主要负责组织具有部门特色、专业技能性较强的个性化培训。

人事处与各业务部门分工衔接配合，根据研究所学科方向、专业领域、岗位工作性质及能力要求等不同情况，细化对于职工培训的不同要求，分别构建起基于岗位需求、基于知识技能需求、基于共性需求等维度的课程体系，充分保证培训能够真正符合研究所各类职工的多种需要。

首先，研究所针对科研、管理和支撑三类岗位的不同特点，从培训的目标与任务、培训的内容与形式等维度，设计基于岗位需求的课程体系。对于核心骨干人员的培训，要求进一步夯实其理论素养、树立全局眼光、培养战略思维、加强党性修养，加大有关提升现代管理知识及领导力的培训力度，紧密追踪国际前沿科技理论和管理经验的新发展，全面提高其创新能力及综合素养。其次，研究所针对岗位知识技能、上岗资质等方面的要求，设计开发以巩固、扩展和加深专业知识，提升岗位技能为导向的基于知识技能需求的课程体系。再次，研究所针对大多数职工，开发普及面广、需求迫切、基于共性的各类通识培训。这类基于共性需求的培训包括：新职工入职培训、质量体系培训、技术安全培训、项目及专利申请培训、办公技能培训和心理健康培训等。

2）实施基于人、财、物的运行保障机制。研究所对于培训所涉及的人、财、物，从制度方面予以保障。

对于培训师资，制度助力研究所打造出一支可满足自身培训需求的"内训师为主，外聘培训师为辅"的师资队伍。师资来源主要包括：①聘请所内学科领域专家、授课经验丰富的研究生导师和工作阅历深厚的总师，组成内部培训师资队伍为职工授课，重点开办针对性强、需求性高的专业知识讲座与辅导。②加强中青年师资队伍建设，挖掘并培养理论功底过硬、专业背景扎实、善于沟通表达的中青年学术带头人讲学授课、交流介绍，并通过增加年度绩效考核分数、授予精神嘉奖等政策引导其加入内部培训师队伍。③聘请同行业专家和专业培训师来所进行专题讲座，旨在更新知识技能、扩大专业视野，使职工能够掌握更多实用的工作技巧。对于作为培训对象的所内职工，研究所通过制度规定，利用"循环授课"的培训方式及"电子考勤"的管理模式，确保研究所实现"全所在职职工每年接受培训的时间不少于

72 学时"的目标。

对于培训经费，研究所根据《中国科学院全员能力提升计划》的总体要求，采取"院、所两级培训经费相结合，单位资助和个人匹配相结合"的多元经费投入机制。每年年初将培训经费列入年度预算，按照不低于职工工资总额的 1.5% 的比例进行匹配，全力保障职工培训工作的顺利开展。

对于培训条件，研究所通过建立"职工培训中心"，为举办培训提供设施良好的硬件平台和空间宽阔的教学场所。研究所现有具备多媒体投影功能的专用培训教室三间，能保证三百余人同时参加培训。

3）实施基于考核评价的培训激励约束机制。研究所对于职工培训工作，以精神鼓励为导向，以全员参加、严格执行为原则，用具体规定保障工作开展的覆盖面和执行力，激励并约束整个培训工作的有效运行。这项激励约束机制，涵盖用人部门和职工个人两个层面。为能让研究单元和职能部门负责人高度重视培训工作，研究所将培训执行情况纳入到部门考核体系中，把培训计划完成率，既作为评价部门年度工作目标实现情况的一项考核内容，又作为部门绩效考核的评定指标之一。这为全面客观评价职工培训工作对推动部门人才队伍建设所起到的保障作用提供了有效的参考依据。做得好的部门会受到表彰，其引领示范效应会带动更多部门做好培训工作。除此之外，为充分激发职工个人参加培训的积极性和主动性，通过在职工年度绩效考核中采取"个人考核与团队考核相结合"的形式，对职工参训情况进行评价，评价结果不仅将直接影响到职工本人年度业绩的最终结果，还会与岗位晋升、职称评定相挂钩，成为岗位竞聘的重要参考依据之一。研究所培训的激励约束机制，还包括：对于为职工授课、编著教材、聘为新职工指导教师的职工，通过增加年度绩效考核奖励分数，鼓励并引导更多有实力的职工为本所职工培训工作不断做出贡献。

通过组织实施层次分明的"多维度"培训制度，不仅使研究所开发出的培训课程体系呈现出"注重骨干人才培养，管理、科研、支撑齐头并进"的特征，而且参训人数保持了持续增长的态势。2006～2010年的5年间，研究所组织的各类培训每年都达到五百余项，累计培训两万九千余人次。无论在培训项目数量还是参加培训人次数方面，都位居中国科学院所属各研究所首位。自研究所设计实施"多维度"培训制度以来，以往职工中存在的疏于学习的惰性得到有效克服，更多职工认真参加培训并及时将学习体会、收获及心得应用到日常工作中去。优秀学员得到嘉奖或福利，激发并带动了更多职工踊跃参加各级各类的培训活动。扎实开展的培训工作，促进了研究所职工的岗位技能水平得以持续提升，为培养具有深厚理论功底和富于实践能力的人才队伍，造就一批将帅型科技人才，推动研究所创新跨越、持续发展等方面，做出了积极的贡献。

（素材提供人：中国科学院长春光学精密机械与物理研究所 朱蕾）

案例小结　长春光学精密机械与物理研究所结合职工人数众多、岗位类型多样的自身特点，通过建立起层次分明的"多维度"培训制度，做到了：针对各级各类不同职工所需掌握的相应专业知识和专门技能，着力开发出与研究所人力资源战略规划相吻合的系列培训课程，并健全完善了与之相配套的培训运行保障制度和培训激励约束制度。多角度、全方位、广覆盖的层次分明的"多维度"培训制度，全方位促进了研究所培训工作的深入开展，使职工培训充满了生机和活力，并最终成为研究所科学发展的核心竞争优势之一。

2.4.4　案例4

"指标检验"推进培训制度创新

中国科学院国家天文台（简称国家天文台）组建于2001年，由原北京天文台、云南国家天文台、南京天文光学技术研究所、乌鲁木齐天文站和长春人造卫星观测站等单位整合而成，上述单位现已成为国家天文台的下设机构。

国家天文台在形成总部和下设机构的新型组织架构后，相继承担了多项服务国家战略需求的重大科学工程项目（包括月球探测工程、中国区域卫星定位系统重大专项等），这对于职工的岗位综合业务技能提出了更高的要求。为确保有条不紊地管理好总部和下设机构的职工培训工作，国家天文台建立起独具特色的培训运行管理制度。

1）形成独特的培训运行制度。国家天文台为保证总部和下设机构开展培训工作能够科学有效、协调统一，构建起指标完备的"检验式"培训制度，从反应层、学习层、行为层和结果层 4 个层面上统筹评价总部和下设机构的培训效果，全面客观反映出培训的实际效果，保证培训工作既符合高学历、高素质人才队伍的特点，又具有较好的针对性和实效性，实现了借助制度建设、推动培训工作开展的目标。

研究所制定的《国家天文台职工培训实施细则》（以下简称《实施细则》），对于培训总体要求、总部与下设机构培训部门的主要职责、培训组织与实施流程、培训考核与监督等内容加以明确规定。《实施细则》中把培训工作所有关键环节节点，又细化落实为一整套包含全部培训关键环节节点的作业文件清单，涉及培训计划申报、培训项目实施、培训效果评估等环节（表2-3）。这些作业文件清单在使用、收集、整理、归档之后，分别可以作为总部和下设机构的培训档案。依靠这些培训档案，国家大文台对于培训工作全流程实现了有文件可依，有记录可查，培训效果得以全面科学有效的监控。

国家天文台的培训制度涉及的作业文件清单，并非一成不变，会根据培训需求的变化以及培训实施过程中发现的不够完善之处，及时对其加以修订。通过适时调整作业文件清单中的部分具体内容，使其充分满足培训实际工作的需求。例如，为解决下设机构新职工培训工作不够系统规范的问题，国家天文台在培训作业文件清单中新增了

《新员工岗位培训反馈表》和《新员工试用期内部门培训及表现评估表》，使下设机构新职工培训的实效性得以增强。

表 2-3   国家天文台职工培训工作作业文件清单示例表

序号	作业文件清单名称	使用阶段
1	《职工培训计划申报表》	培训需求调查阶段
2	《培训申请表》	
3	《培训报名表》	培训组织实施阶段
4	《培训签到表》	
5	《职工培训登记表》	
6	《培训效果及意见反馈表》	培训效果评估阶段
7	《培训效果调查表》	
8	《培训情况检查表》	
9	《培训信息反馈登记表》	

2）明确培训阶段指标，及时全面评价。国家天文台在《实施细则》中，对于培训工作每一环节阶段应当达到的指标要求，均加以明确说明，确保下设机构与总部开展培训工作的水准相同。

在调查培训需求阶段，培训部门会将《职工培训计划申报表》下发到总部和下设机构的研究单元和职能部门，征集其对于下一年度培训的需求。各部门将下一年度拟开展的培训内容、时间安排、参加人员、培训预算等需求情况进行上报。培训部门对各部门的培训需求汇总后进行审核，并以此为依据制定《年度职工培训计划》，报国家天文台主管领导批准后实施。对于因工作需要但未列入《年度职工培训计划》的培训项目，申请人须填写《培训申请表》，注明培训项目名称、培训内容、培训时间、预算安排等信息，并报部门负责人、培训部门和国家天文台主管领导三层审批通过后再实施。对于已列入年度培训计划的培训项目因故未能实施的，要求培训项目申请部门填写《培训项目调整报告》，报国家天文台主管领导审批后暂缓实施。

在培训实施前，由培训部门发布培训通知，有意参训的职工填报《国家培训报名表》。培训部门根据学员报名情况，编制《培训签到表》，对参训学员实行考勤管理。对于体现学科专业特色的针对性很强的培训项目，培训部门会采取点名调训的方式，指定参加培训学员名单或者范围。例如，为加强质量管理体系人员的培训，在培训制度中详细规定了对质量管理体系人员参加相关培训的种类、形式、内容和应当达到的要求目标等。又如，为配合软件开发部门推行 GJB5000A 标准的认证，培训部门与该部门共同制定了《软件开发人员技能培训办法》，对软件开发人员的岗位工作职责、业务技能以及相关培训要求等加以具体说明。

在培训课程结束时，参训学员需要填写《培训效果及意见反馈表》，对培训教师授课情况及培训效果给予评价，并提交本人参加培训的收获以及对于培训组织工作的意见或建议。培训部门负责收集汇总整理《培训效果及意见反馈表》，并填写《培训登记表》。对于已报名学员因故无法参加培训时，会为其安排补训。

在培训结束后，为全面评估培训效果，培训部门还会定期根据培训实施情况，利用《培训效果调查表》对受训者所属部门进行培训效果的追踪调查：由受训者对参训后的岗位胜任能力进行自评；同时受训者所在部门的负责人，也需要对受训者在参训后的岗位胜任能力及工作完成质量等情况给予评价。

3）分层次系统评价培训整体效果。在总部和下设机构每次实施培训结束后，培训部门不仅会依据《实施细则》的要求，对培训总体情况进行记录分析，还会定期对职工参训后的工作表现进行总体评价。由于调查结果可以间接反映出培训在组织管理方面存在的问题，因此国家天文台要求对于在调查中所发现的各种有待完善之处，按期完成整改。

培训部门为使总部和下设机构的研究单元和职能部门，组织实施培训有序规范，每年要对各部门的培训情况进行检查，填写《培训情况检查表》，对于在检查中发现的问题，会要求相关部门根据所发现的问题制定相应整改措施，限期完成整改。整改期限到期后，培训部门还会对这些部门的整改结果加以复核，并对复核结果登记备案。

　　每年年底，培训部门撰写《年度培训效果以及反馈意见汇总报告》，不仅对本年度进行培训的效果进行总体分析和评估，还从横向（不同下设机构之间）和纵向（近年来组织的类似培训之间）的角度详细分析比较，总体评价培训是否满足总部和下设机构的岗位工作需求，组织实施是否完善，培训效果是否达到预期等。这有利于主管领导全面掌握研究所培训工作的总体情况。

　　此外，培训部门会根据了解到的下设机构职工对于培训工作的各种需求，填写《培训信息反馈登记表》，并将相关信息反馈给有关部门。有关部门负责人需要针对所反映出的有关培训工作的问题，在表中回复进一步做好相应培训工作的办理意见。

　　4）改进管理水平带动培训满意度提升。通过统筹设计指标完备的"检验式"培训制度，总部和下设机构的培训工作实现了全面系统及时的管控。伴随着培训管理水平的提高，带动了国家天文台培训满意度的提升，近年来职工对于培训工作的整体满意率呈现出逐年上升的态势（图2-4）。这说明适合实际情况的培训制度建设，为国家天文台各级各类人才的培养起到了重要的支撑保障作用。

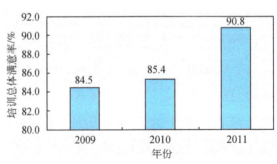

图2-4　国家天文台近年培训调查结果示意图

（素材提供人：中国科学院国家天文台　田斌）

　　案例小结　国家天文台为确保总部和下设机构的培训工作都能得到有效开展，通过建立健全指标完备的"检验式"培训制度，特别是推行与之相配套的涵盖培训工作各个关键环节节点的一系列作业文件清单，保证了其总部和下设机构能够科学规范地开展培训工作。另外借助完备的检验指标，研究所开展培训的整体效果得到系统评价，实现了在总部和下设机构两个层面上对职工培训工作的闭环控制与管理。自实行指标完备的"检验式"的培训制度以来，国家天文台的培训管理工作水平不断提高，培训效果日益显现，为推进研究所整体科研工作的顺利开展奠定了坚实的基础。

2.4.5　案例5

与绩效考核挂钩的"激励式"培训制度

　　随着国家对于解决制约我国资源环境领域长远发展的科技需求不断增多，中国科学院地理科学与资源研究所（以下简称地理资源所）承担的重大科研任务一直保持着快速增长的态势。研究所为保证其科研水平能够接近世界一流，曾经出台过有关所内职工参加出国培训的管理办法，但是实施效果并不十分理想。研究所在深入研究单元进行调研的基础上，同时针对近年来到所青年科研人员数量不断快速增长的现实，通过设计与绩效考核相挂钩的"激励式"培训制度，为全所职工特别是青年科技人员创造出更多的出国访学机会，有效激发了青年科研才俊与世界一流科研机构交流合作的积极性和主动性，使研究所建立起到世界顶级科研机构深入开展学术交流和系统合作研究的长效机制。这为研究所的科研创新能力实现可持续发展奠定了坚实的基础。

　　1）健全业绩本位的考核制度。为使青年科研人员能够有更多的机会学习国际前沿科技，充分参与国际科技合作，研究所自2010年起实施《优秀青年访学基金制度》。该项制度要求每年组织符合申报条件的青年科研人员进行业绩综合评估，主要考核内容包括：所在部门评价、承担科研项目情况、发表文章及出版著作情况、申请专利与软件著作权情况、撰写咨询报告情况、完成规划包括等多方面业绩的综合评价。再按照参评职工 10% 左右的比例，从中选拔出评估优秀的青年科研人员并给予出国访学进修支持，由研究所资助为期半年的每月 2000 美元的出国访学机会。研究所为确保该项培训激励制度用于支持青年职工出国访学能够稳定持久，又进一步对《地理资源所新进人员考核暂行办法》和《地理资源所继续教育管理办法》等培训制度加以完善，在文件中补充了"考核中约 10% 的成绩优秀的青年职工将获得研究所提供的半年出国访学的费用支持（2000 美元／人·月）"的规定。

2）学术内行的评价机制。研究所每年在新入所青年职工首次合同期满时，首先通知各研究单元负责人对这些职工进行部门内部评价。对于部门评估良好及以上的职工，再组织他们以工作报告的形式，对自己合同期内的工作成果进行现场汇报和答辩。同时邀请学术内行作为评审专家，对申请人的科研水平和综合能力进行总体评价。在总体评价中，被评为优秀的前 10% 的青年科技职工（大约 3 名左右），将获得由研究所资助的为期半年的（每月 2000 美元津贴）出国访学机会。

自该项与考核相挂钩的培训激励制度实施以来，鼓励了更多的青年科研人员走出国门交流深造，先后有 11 位青年科研职工相继获得了研究所支持，陆续到美国加利福尼亚大学、荷兰马斯特里赫特大学等世界著名大学进行培训进修、访问交流和合作研究等。随着参加出国访学的青年科技骨干人数逐年增加，这项工作得到了研究所各层面职工的广泛认可与支持。这为研究所实现人力资本增值，创造了有利条件。

该项制度推行后，研究所将培训项目实施与职工业绩考核结合在一起，把业绩考核作为促进人才培养的一种手段，实现了职工培训与人力资本增值的完美结合，推动了研究所科研水平和创新能力的持续提升。

（素材提供人：中国科学院地理科学与资源研究所 艾树）

　　案例小结　地理科学与资源所在创新培训激励制度、密切联系培训工作与职工考核激励方面，进行了有益的尝试与探索。通过在外派访学工作中，引入竞争，实现了激励效应。通过构建与考核相挂钩的"激励式"培训制度，既满足了青年职工渴望扩展个人发展空间的需求，有助于其拓展国际化视野，又成为了有针对性的激励措施，可显著增强培训效果。职工业绩考核评估与培训激励相互联动的培训制度，充分激发出职工特别是青年科技人员，参加出国培训、加强国际学术交流的积极性和主动性，为推动研究所科研创新发展做出了贡献。

参 考 文 献

曹震 . 2011 . 完善制度体系推行精益管理 . 中国有色金属，15：58-59

褚俊英，秦大庸，王浩 . 2007 . 我国节水型社会建设的制度体系研究 . 中国水利，15：1-3

侯晓虹 . 2006 . 培训操作与管理 . 北京：经济管理出版社：208-236

胡建江，许超 . 2011 . 基于流程的企业管理制度体系研究 . 科技创业月刊，18：59-61

寇丽梅，高文洪 . 2008 . 中央级农业科研单位政府采购制度体系构建探讨 . 农业经济问题，增刊：67-69

李学勇 . 2011 . 自主创新 . 北京：人民出版社：12-13

陆益龙 . 2009 . 节水型社会核心制度体系的结构与建设 . 河海大学学报，9：45-49

熊建华 . 建设学习型基层党组织的机制构架及路径思考 . http：//cpc. people. com. cn，［2010-7-19］

张广峻，葛科，鲍东杰 . 2012 . 基于专业层面谈高职院校教学质量保障制度体系构建 . 科技信息，16：32-33

第三章　培训实施过程管理

　　培训是现代科研院所加强人力资源开发管理的重要手段，对保持科研院所人才队伍竞争力和创新能力有重要的意义。科技的快速发展态势对科研院所职工的素质和能力提升提出了更高更迫切的要求，为适应这一要求，加强培训的实施过程管理，提高培训的针对性和实效性成为必然。本章将简要介绍培训实施过程管理的主要理论和做法，包括培训需求分析、规划制定、项目设计、项目实施、效果评估等不同环节，进而阐释科研院所如何有机整合与培训有关的各项要素，强化对培训活动每个环节的控制管理，实现培训效果的提高。

3.1　识别培训需求

　　实施培训的前提是培训需求分析，来回答"是否需要培训""谁需要培训""需要什么样的培训"等基本问题。

3.1.1　培训需求分析的定义及作用

　　培训需求分析，是指每项培训活动在规划与设计之前，培训部门采取各种办法、技术，对科研院所自身及职工的发展目标、知识技能等方面进行系统分析，从而确定实施培训必要性，以及选择培训内容的活动过程。培训需求分析是实施培训活动的首要环节，也是进行培训效果评估的基础，对开展科研院所的培训工作至关重要，是提高培训工作的准确性、有效性的重要保证。如中国科学院和水利部共建的成都山地灾害与环境研究所深入分析我国西南地区山洪、泥石流、崩塌、滑坡、堰塞湖等山地灾害特性，找准抗灾减灾的指导和培训工作是国土资源局、水务局、应急办负责人、各乡镇政府、国土所等基层政府部门相关人员以及一线地灾监测员所急需的培训活动。明确需求之后，研究所自 2008 年起举办市、县、部门等不同层次的培训 12 期，提高了广大基层管理人员、技术骨干、抢险救灾一线人员掌握科学减灾防灾知识，增强了基层党政领导防灾减灾意识，推动政府防灾减灾能力建设，提高了临灾应急处置水平。

通过培训需求分析，一方面清楚掌握科研院所人力资源开发过程中面临的问题，并进一步确认是否需要以培训的手段来加以解决；另一方面充分了解受训者的现有信息，掌握受训者的知识、技能等情况，并了解受训者对参加培训的态度。在了解培训需求的同时，基本上可以估算出培训所需成本，如需要设计的课程，邀请的培训师，应采取的培训方式等，对下一步培训项目设计具有指导意义。特别是，通过培训需求分析使培训活动合理化，由此获得科研院所领导者的支持。

3.1.2 分层次实施培训需求分析

分析培训需求可从科研院所层面、工作层面和个人层面等 3 个层次入手进行（黄健等，2007），以得到较准确、全面的分析结果，从而制定科学有效的培训计划和方案。培训需求分析可归纳为以下 3 个步骤。

第一步，找出绩效差距。传统培训理论认为，因为职工实际工作绩效与科研院所内部工作岗位所要求的绩效标准之间存在着差距，所以需要以培训来缩短这种差距。新的培训理论进一步拓展了绩效差距的内涵，认为包括科研院所战略、科研院所文化价值观等非智力因素与职工实际能力水平和个人价值理念之间的差异，也会导致工作效率低下，阻碍科技创新战略目标的实现。通过寻找绩效差距产生的原因，明确改进的目标，进而确定能否通过职工培训活动来消除这种差距，提高科研院所的组织效率。如中国科学院通过举行培训者培训、工作指导、项目资助等多种方式，来强化院属各单位组织开展培训活动，增强职工科研创新能力，推动各单位实现战略目标。

第二步，分析差距产生原因。一些绩效差距属于科研院所制度环境、硬件设备等外在客观原因，一些属于职工个人难以克服的主观个性特质，只有在职工通过努力可改变的知识、技能和态度等方面表现不足的情况时，培训才是必要的。所以，分析差距产生的原因是属于哪一类，并确定是否必要培训，采用何种培训（雷蒙德·A.诺伊，1999）。

第三步，确定解决方案。通过查找差距原因，判断是用培训方法还是非培训方法去消除差距，然后因地制宜。有时采用培训手段，有时采用非培训方式，有时两者并用。一切都是根据原因分析结果来确定，并最终确定总体解决方案。

以上是对培训需求分析的总体步骤，从中可以看出分析的准确性和有效性直接关系到培训的最终效果。进行培训需求分析，从不同层面、不同阶段、不同侧重点等方面有一套较为完整的分析方法，以下就科研院所常用的方法做一个简单的介绍。

1）科研院所层面分析。培训需求的科研院所层面分析主要是通过对科研院所的战略目标、所占有资源、科研院所文化行为特质等因素进行分析，准确地找出科研院所层面存在的问题及根源。要进行科研院所层面分析包括下列 3 个重要步骤。

科研院所战略目标分析。科研院所目标决定培训目标，对培训活动的设计与执行起决定性作用。如中国科学院一直倡导前瞻科研布局，加强战略谋划，不断凝练研究院所的战略目标，并将之贯彻到整个研究所的工作中，在科研产出、资源利用、人才队伍建设等方面都有具体可行的规划目标。培训部门根据这个目标，深入分析职工现状与目标要求之间的绩效差距，以此确定培训活动方案。

科研院所资源分析。简单说，就是确定可资利用的人、财、物等资源，并加于确定性描述，从而了解一个科研院所资源的大致情况。培训活动必须首先获得科研院所领导的支持，并获得相应的资源保障。

科研院所文化行为特质分析。科研院所文化行为特质，是指科研院所的软硬件设施、规章制度、科研院所运作方式、科研院所职工行为风格等所呈现出来的特征。如中国科学院实施"知识创新工程"以来，形成了具有中国科学院特征、研究所特色的创新文化，深深影响了每一位中国科学院职工，并影响到研究所一切活动行为。因此，通过系统了解科研院所文化行为特质，加上对科研院所的系统结构、文化、信息传播情况的了解，可以确保培训活动的价值取向，行为特征与科研院所文化行为特质相吻合，从大的方向上把握好职工培训活动设计，规划好培训的范围、重点以及活动方式。

2）工作层面分析。工作层面分析的主要目的是为了了解与绩效差距问题有关的各项工作的内容、标准，以及满足工作要求应具备的工作态度、知识、技能水平等。工作层面分析的结果也是设计、编制具体培训课程内容的最重要依据和资料来源。工作层面分析需要优秀的、富有某一方面工作经验的职工积极参与，以提供高质量的、完整的工作信息与资料。按照目的的不同，工作层面分析可分为一般工作分析和特殊工作分析两种（图3-1）。

一般工作分析是使任何人能很快地了解某一项工作的性质、范围与内容，包括工作简介和工作清单。工作简介内容包括工作（岗位）名称、工作地点、部门、生效及取消日期、核准者等基本资料。主要

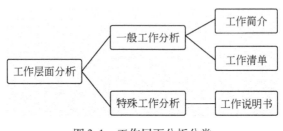

图 3-1　工作层面分析分类

用于说明某一项工作的性质与范围，使人能快速正确地了解相关信息。工作清单是将有关工作内容以时间段或任务项的工作单元为主体，以条例方式进行描述。每项工作单元里，加注工作性质、操作频率、重要性排序等信息，使人能对有关的工作内容清晰了解。

特殊工作分析是指以工作清单中的工作单元为基本单位，详细探讨并记录其工作细节、工作标准和所需的知识技能情况。通过特殊工作分析，形成工作说明书（黄健等，2007）。详尽的工作说明书对岗位职责、工作条件、隶属关系，以及任职者的知识技能水平、教育背景、综合素质等都有确切的描述，并界定培训的内涵，对培训工作开展能发挥很大的促进作用。

3）个人层面分析。个人层面分析，也称为工作者分析，主要是通过分析职工个体现状与科研院所岗位要求之间的绩效差距，来确定"应该接受何种培训"以及"培训什么"的具体内容，重点在于评估职工实际工作绩效以及工作能力。分析内容中包括下列数项。

职工个人考核绩效记录。主要包括职工的工作能力描述、工作绩效描述、平时及综合表现情况、关键意外事件、参训记录、离（调）职访谈记录等。

个人的自我评价。职工以工作清单为基础，针对每一工作单元的成就、相关知识技能真实地进行自我评估。

知识技能测验。以测验方式展示职工真实的工作表现和工作水平。

实际操作中，更多用于新职工招录或老职工晋级时使用。

职工态度评估。一般通过关键事件法、观察法、定向测验或态度量表，来帮助了解职工的工作态度。

在从科研院所、工作和个人的 3 个层面，全面了解了培训需求之后，才能最终确定培训方案，使培训成为具有针对性的一项有效组织行为。

3.1.3　培训需求分析方法

在需求分析中常用的方法包括问卷法、专项测评表法、访谈法、报告法及关键事件法等（卿涛和罗键，2006）。

1）问卷法。通过设计一系列问题，形成调查表来收集资料，以测量人的知识、行为、态度的研究方法。调查者按照一定目的编制，可不提供问题答案选项，也可提供备选的答案选项，还可设置无答案的开放式问题。调查者根据对问题答案进行统计分析，从而得出某种判断性结论。问卷法的主要优点是标准化程度高、问题针对性强；主要缺点是，被调查者可能对问题做出虚假或错误的回答，而在许多情况下又难以验证。

2）专项测评表法。该方法可看作为问卷法的升级版，是高度专门化的问卷调查法。通过问题设计进行深层次的调查，获得具体而系统的信息数据。专项测评表法主要是针对某一问题的专门分析以及解决方法等专门报告。设计专项测评表需要大量专业知识，而且在挑选调查执行人员进行测评时有特别的要求，一般工作人员难以胜任这项工作。

3）访谈法。指访谈人员与受访人进行面对面地交谈，以此掌握了解受访人的心理和行为的研究方法。访谈法具有多种不同的形式，因问题的性质、目的或对象的不同而不同。根据访谈问题的标准化程度，可分为结构型访谈和非结构型访谈。访谈法优点在于运用面广，能通过简单叙述，收集多方面的分析资料，而且面对面交流能收集到大量非语言信息，有助于验证语言或行为内容，更具准确性，有助于发现问题。但访谈法需要具备一定的专门技巧，对访谈人员要求较高，且比较费精力费时间，成本较高。中国科学院针对所级领导境外培训项目进行总结，采取访谈法对参加过的所级领导进行面对面的深度访谈，挖掘境外培训对参训领导的行为影响，了解所学所获，全面总结培训项目的有效经验，也及时调整项目实施过程中的不足，进一步优化境外培训项目。

4）关键事件法。调查人员通过询问一些问题了解解决关键事件所需能力和素质的一种工作信息搜集的方法。所谓关键事件，是指对工作成功或失败起决定性作用的行为或事件。关键事件法要求不同岗位人员将工作过程中的"关键事件"进行详细记录，然后汇总分析所收集的大量信息，对岗位的特征和要求进行分析研究。这种方法的优点是针对性较强，对鉴别优秀和不良表现十分有效；缺点是不同人员对关键事件的判定和把握可能存在主观上的某些偏差。

任何一种培训需求信息收集方法都各有侧重及不足，在对信息的收集与应用上都不是尽善尽美。从根本上说，要从参与对象、时间成本、物资成本、可量化衡量的程度等指标综合比较考虑，从而选择最适宜的培训需求信息收集方法或方法组合。

3.2　制定培训规划

一个高效的培训规划绝不是培训课程的组合或培训项目的简单罗列，让人抓不着重心或感受不到与科研院所绩效的关联性。有效有用的培训规划，应充分利用科研院所资源，按照科学的方法，以最小的成本取得最大的效果。

3.2.1 培训规划的内容

培训规划是指针对职工工作过程中出现的各种现象或问题，结合科研院所发展规划和总体发展战略，为职工学习和发展而设定和安排的职能性培训计划。培训规划具有长远性、全局性、战略性、方向性、概括性和鼓动性。如为贯彻落实《中国科学院"十二五"人才队伍建设规划（2011—2015 年）》精神，中国科学院出台了《关于进一步加强继续教育与培训工作的指导意见》进一步加强培训工作，不断推进人才队伍建设。

培训规划是以全面提升科研院所职工的综合素质和业务能力为出发点，以科研院所打造高绩效人力资源为落脚点，突出人才培养及专业技术力量储备培训，明确分工，落实责任，确保培训工作的有效实施。如《中国科学院全员能力提升计划》紧密围绕"创新 2020"战略目标和"十二五"人才队伍建设的需要，以"全员参与、全面覆盖、能力提升"为主题，组织实施中国科学院全员能力提升计划，通过多渠道、多层次、大规模、重实效地开展各类人才的培训，大幅提高整体素质，全面增强创新能力，促进中国科学院人才队伍建设的可持续发展。

培训规划一般包括 6 个方面的内容。

1）确定培训目标。明确培训需求的优先次序，框定受训群体的范围和规模，确定培训目标。如《中国科学院全员能力提升计划》确定每午全院重点培训急需紧缺和关键岗位骨干 3000 人。

2）开发培训内容。确定培训什么，设计培训过程的主要环节和必要训练内容。中国科学院对在岗职工培训除了常规内容的培训之外，还特别强调加强创新文化、科研道德、国情院情、时事政治和廉政建设等方面的培训工作。

3）培训实施过程设计。制定培训时间进度，选择适宜的教学方式，确保培训环境与科研院所工作环境保持一致。

4）选择评估手段。确定培训评估指标，评估方式，以及培训效果的评定等。

5）整合培训资源。列明培训所需的人、财、物、时间、空间等方面的资源保障需求。

6）制定培训预算。明确培训经费来源渠道，经费的分配与使用设定，培训成本–收益计算方式，做好培训预算计划，努力控制培训费用及降低成本。

3.2.2 制定培训规划的主要步骤

提供必要的人力资源和组织保障是做好培训规划的重要前提。做好培训规划的制定和实施，关键是落实责任人或责任部门。同时，负责制定培训规划工作的人要有相当的工作经验和工作热情，也应具备让科研院所领导批准培训规划和培训预算的能力，要善于协调与科研一线部门和其他职能部门的关系，确保培训规划得到顺利实施。

培训规划的制定是一个复杂的过程，其中每一个步骤都有各自的工作目标和某些特定工作方法。有些在上篇内容中已陈述，有些在其他篇章中会做进一步详解。在实际操作中，这些步骤并非是截然不能分开，培训者可根据需要来确定步骤顺序，或决定重复某些步骤或略过一些步骤。

1）需求分析。通过寻找绩效差距，并促进改变来提高职工绩效。这需要通过培训需求分析的机制来决定职工现有绩效是否需要提高，是不是通过培训能够提高，以及在哪个方面和什么程度上进行提高。

2）工作说明。要判断培训规划应有的内容，需要有一种机制来说明与培训相关的内容，或者说是什么与培训有关或与什么与培训无关。这种机制体现在培训规划设计中就是工作说明。

3）任务分析。不同种类工作岗位的任务内容不同，对培训的要求也不同。如有些工作任务要求提供专业知识方面的培训，有些工作任务可能要求培训提供解决某种问题的方法。因此要为某项工作任务选择切实可行的培训方法，需要采用特定的方式方法，对岗位工作任务的培训需求进行分析。

4）目标陈述。目标是对培训的预期结果或通过培训达到的岗位工作结果的规定。为使培训达到预定的目标，需要对目标进行科学描述说明，对目标的描述必须清晰、具有操作性、可衡量。如《中国科学院2006—2010年继续教育规划》要求，5年内通过灵活多样的培训活动，使全院各类人员累计接受培训达130万人次，其中所（局）级领导和管理干部参训达18万人次，科技人员和技术支撑人员培训达到112万人次。

5）内容分析。在培训规划设计中，确定科学的学习主次，特别是面对系统复杂的知识技能学习时，学习顺序非常重要。所以，需要对学习任务进行排序，根据工作实际需要或知识、技能本身的逻辑发展要求来完成排序。《中国科学院2006—2010年继续教育规划》对所（局）级领导干部，重点提高所级领导把握世界科技发展态势的能力，深入剖析国家经济社会发展科技需求的能力，以及领导科技创新活动的组织能力和对全局工作的管理能力；对科技人员，以掌握科技前沿的发展趋势、更新专业知识、拓展知识领域，提高科技创新能力为主，同时兼顾科学道德、法律、心理等内容的培训。

6）评估设计。培训结果必须进行评估，以此检验受训者在经过培训后的变化。因此，培训规划设计要包含如何对培训的结果进行评估，提供可靠的和有效的测评工具，并根据目标陈述设计测验。

7）策略选择。选择培训策略主要是依据培训面临的问题情境，以及培训对象来选择、制定相应的措施。如中国科学院根据所（局）级领导干部的岗前积累、上岗适应、成长提高等阶段的需求，本着"联系实际创新路、加强培训求实效"的宗旨，调整和完善干部任前培训、初任培训、在任培训等各类培训项目。截止至2012年，中国科学院所

（局）级领导干部上岗培训班已举办了 27 期，培训学员 1200 余名，在院内外形成了广泛的影响。

8）内容设计。根据培训策略，确定具体的培训内容和培训程序，并最终被执行和运用。内容设计与内容分析有所不同，内容分析侧重在对培训内容的排序上，而内容设计还要关注执行程序。

9）反馈调整。培训规划按照上述步骤设计，从理论上讲比较全面。但是否能在实践中起到预期的作用，需要根据培训规划的实施反馈情况进行调整、完善。培训规划分短期、中期和长期 3 个类型，一般性规划要跨 3～5 年的培训周期。培训规划的重要性在于指明培训方向，查明目标与现实之间的差距，拟定总体的资源配置，并做好培训策略、内容的选择。有了培训规划之后，就必须制定具体的培训计划了。

3.3　设计培训计划

培训计划是培训规划的具体化，是具体行动指南，本质上属于作业计划，回答的是科研院所培训做什么、怎么做、需要多少资源、会得到什么收益等问题。

3.3.1　培训计划的定义

培训计划是从科研院所的培训规划出发，在做好培训需求分析基础上，对培训时间、培训地点、培训者、受训者、培训方式和培训内容等各种要素的预先系统设定。培训计划必须体现科研院所及职工两方面发展的需求，同时兼顾资源条件及职工素质能力基础，并充分考虑人才队伍建设的超前性，以及培训结果的不确定性等影响因素。

培训计划可分为 4 个层面，即全局性的科研院所整体培训计划、研究院所培训计划、各部门的培训计划以及个人的培训计划（王凤红和郑晓峰，2010）。

3.3.2　制订培训计划的步骤

制订培训计划主要包括以下步骤。

1）确认培训预算。从实际上看，制订培训计划工作首先要考虑单位将用于培训和人力发展的预算有多少。通常，培训预算都是由科研院所领导根据总体预算决定的。中国科学院对于职工培训预算有明确规定，按工资总额的 1.5% ~ 2.0% 提取。培训部门从科研院所人才队伍建设未来发展的角度，向领导提出投资培训的"建议书"，根据实际需要，提出培训预算，并负责管理预算，确保经费被有效地使用，并给单位带来效益。

2）分析职工评估数据。关于"谁还需要培训什么"的主要信息来源在于单位的评估体系给出的信息。部门负责人应和职工讨论个人的培训需求。培训部门负责收集职工培训需求，并统合分析所有需求，与部门负责人或职工做进一步讨论，指出何种培训是最适合的。

3）制订课程需求单。根据培训需求，列出课程清单，上面列明匹配需求的所有培训课程，包括符合个性化需求或共性需求的课程。

4）修订课程清单。一般来说，培训部门会经常碰到培训需求总量远远超出培训预算的情况。因此，培训部门必须进行先后排序，并决定运行哪些课程或删除哪些课程。在此之前，最好能征询部门负责人意见，了解他们最需要哪些培训。修订课程清单基本的考虑是，使培训产生最佳绩效产出。哪些课程可能会对提升单位绩效有促进作用，哪些培训课程无法安排，都应该有充足的理由，并反馈给提需求的职工或部门，形成最终版课程清单。同时，培训应考虑以轮岗、内部导师等其他方式来满足需要。

5）确定培训的供应方。最终版课程清单确定后，就需要决定由谁提供这些课程，即寻找培训的供应方。首先是决定授课教师，有内部讲师和外聘讲师两种。内部讲师的好处是人工成本较低，更了解科研院所现状和运作流程，有时比外部讲师优秀。但在无法找到某个课程的讲授专家时就必须寻找外部讲师。另外，在管理培训上，尤其是高层次人才或高级管理人员培训，外部讲师往往比内部讲师具有更高的可信度与权威。中国科学院采取内部讲师与外聘讲师相结合的方式，已逐步建立了中国科学院师资库，以备各研究院所根据实际需要来挑选。

6）制订和分发课程时间表。培训部门应制订一份完整的课程时间表。通常做法是制作一本包含时间、地点、课程相关信息的小册子，并将小册子分发给所有部门作为参考。

7）提供后勤保障。包括选好培训地点，准备好学员住宿、用餐、教学所需设备和设施、教材等，为开展培训活动提供后勤保障。虽然后勤保障很平常也比较琐碎，但在培训活动过程中，出差错事件也经常在这些地方，而且在一定程度上影响到培训的整体效果。

8）组织安排参训人员。这是整个培训中关键的一步。除了要提前告知受训者报名，还应完整告知培训地点、培训时间、培训要求等，以便受训人员安排好工作日程来参加培训活动。但即使如此，也有一些报名者在最后一刻取消报名，所以要预先做好备选人员名单，保证有一定规模的人员参加培训，确保培训效果和效益。

9）分析评估结果并作反馈调整。培训评估最简单明了的方式就是填写课程评估表格，对讲师的授课质量进行监督。对受训者进行测验或听取部门同事或负责人的反馈，以此判定培训如何运用到实际工作。在综合分析评估信息的基础上，培训部门可据此采取行动，来决定哪些需要改变，如讲师、教材、课程安排时间或教学方法等，进一步优化课程设置，从而使培训投资效益最大化。

3.4 实施培训项目

再好的培训规划、项目计划设计，都需要在严谨的培训组织实施中实现和检验，从而确保预期目标的达成。保证培训的有序进行是培训部门和培训者工作的关键环节。

3.4.1　培训实施前的准备

1）准备培训所需通知等文字资料。在再一次确认受训者类型、人数，并安排培训场地及食宿等后勤保障问题后，需要起草培训通知书，告知受训者培训目的、要求、时间安排、地点设置、课程内容、预发资料以及培训费用等事项，督促受训者预先做好准备工作，特别是安排日常工作，准时参加培训活动。同时，借助培训通知书回执获取反馈意见，综合绝大多数受训者的意见进行某些培训计划的调整优化（黄健等，2007）。

2）选择培训管理人员。培训项目的顺利实施需要有人员的保障，这就需要确定某一培训项目主要工作成员，包括培训项目主要负责人、培训班主任及负责后勤保障人员等。项目主要负责人全面负责与受训者沟通，协调组织教学活动和后勤服务等。维护正常的教学秩序，及时了解、解决受训者学习和生活中出现的问题等都由培训班主任及后勤保障人员主要分工负责（李立匣等，2008）。

3）预订培训场地。这个应该在培训通知下发之前就已做好。预订好的培训场地，布置并调试好上课所需设备。一般要求，培训场地环境干净、安静、有序，有时还悬挂培训活动的有关条幅。培训班主任或后勤保障人员要熟悉音响、投影等电教设备相关操作，提前做好测试，确保上课时设备运行正常。

4）聘请师资。影响培训效果的关键要素是师资水平。结合培训课程、受训者情况，有针对性地选择适合的讲师，并就培训要求、参加人员、培训层次等提前与培训讲师做好沟通，以便讲师做好备课准备。不管是内部讲师还是外部讲师，都应及时纳入培训师资库，并逐步加强资源整合，最好在某个课程或授课主题有多位优秀培训师备选。中国科学院作为独立的科研机构，具有悠久的文化传统和独特的理念，运行机制也有自身特点，因此，在师资选择上除了聘请众多国内外知名专家、学者担任讲师外，还十分重视内训师队伍的培养。

5）准备培训设备。培训设备包括培训所需的各种多媒体等器件和教学资料等。如电脑、投影仪、屏幕、放映机、摄像机、幻灯机、黑板、白板、纸、笔等各项需要的设备，都应事先做好准备。对于一些特殊工种或实验技能培训，还需要预先准备好实验或加工操作等特殊设备，并与培训要求相匹配，特别是注意有时培训练习与实际操作的差异，做好安全防护措施。教学资料主要有公开发行的教材、单位内部编写的教材、培训组织开发的教材和培训师自编的教材，一般要求在培训前的一周时间左右，应将讲师教学资料准备到位（黄健等，2007）。

6）后勤保障工作。具体指保证培训顺利的保障条件，如住宿、膳食、交通、资料影印以及娱乐游戏等服务，也是根据实际需要在培训前做好准备。

中国科学院机关在实施职工培训过程中，制定了较为严密的流程管理，确保培训工作得以顺利实行（表3-1）。

表3-1　中国科学院院机关培训工作实施流程

实施培训一个月前			
1. 拟订方案	2. 确定课程	3. 选择讲师	4. 初定地点
实施培训三周前			
1. 讲师联系与确定	2. 培训信息沟通	3. 地点考察	4. 准备培训班讲话稿
实施培训二周前			
1. 印发通知，组织报名	2. 确定地点	3. 预订食宿	4. 准备分组讨论题目
5. 购买培训用品	6. 制作签到表	7. 制作评估表	8. 确定拓展项目
实施培训一周前			
1. 确定参训学员	2. 制作培训手册	3. 制作桌签、胸牌	4. 签订相关培训合同
5. 给讲师发邀请函	6. 确定食宿	7. 车辆调度	8. 准备小药箱

续表

实施培训两三天前			
1. 再次确认讲师行程，安排接送车辆	2. 再次确认参训学员，分配房间	3. 投影仪、电脑、录音笔等器材准备	4. 预备培训费用
实施培训前			
1. 布置会议室	2. 桌椅摆放	3. 设备调试	4. 培训材料发放

3.4.2 培训实施过程要求

除了以上培训实施前在人员、软硬件条件方面做好保障及准备外，在具体培训过程中要对以下环节进行管控。

1）教学过程的要求。良好的教学管理直接影响培训效果，培训工作人员应在每位讲师课前一天，再次确认上课时间、地点、内容等，防止出现差错。在上课时还需注意：课前要向受训者简要介绍讲师情况，使受训者对讲师有一个大致的认识；上课期间要注意观察受训者的反应或听取受训者意见，及时反馈给讲师，为下一次授课调整做好工作；下课后要对讲师授课内容做简要概括，并带领受训者对讲师的辛勤工作表示感谢。

2）教学过程纠偏。在培训实施过程中，发现安排欠妥的地方，如人员分工、课程编排次序、保障工作进度协调等，一般只要对培训计划进行必要的修改就可以达到要求。只要培训计划制定到位，并对可能发生的情况有一定的预见性和应对方案，一般不会出现大的偏差。当培训计划和现实情况严重不符，处理不及时或不当就将对培训活动造成重大损失。如拟请讲师无法出席、组织工作出现漏项、场地安排非常不合适等，都属于严重的偏差范围，或是"事故"。必要时培训主要负责人要召开培训计划专题讨论会，讨论提出解决办法，并及时做相应修改或调整。但实际上，一旦出现严重偏差是很难调整，这主要是由于时间过于紧迫，无法调整变更。所以，必须尽量避免出现这种情况（黄健等，2007）。

3）培训实施的协调。一个培训项目的顺利实施，与其他单位活动一样，都离不开多个部门的支持和协同作业。比如培训文件归档、授课讲师评估、课酬支付、证书制作、点名签到、资料准备等环节，都需有专人负责，也涉及文书档案、财务出纳等不同部门。加强培训实施的协调管理，不仅仅是规范管理的内容，更是要形成流程化运作，有效促进培训项目的高质高效完成。

4）培训实施总结评估。培训任务完成后，要对所有受训者进行培训后的总结，以了解培训是否成功，并为今后有针对性的培训活动提供需求分析的依据，同时起到强化、督促受训者自觉应用所学知识、技能进行工作的作用。一般要开展对关键岗位和重点人物进行访谈以检验培训结果。召开受训者代表或全体座谈会，进行学习总结，交流学习心得。进行培训后问卷调查，包括受训者行为表现调查表，全面了解受训者对培训活动的满意程度和行为变化情况，推进培训组织工作更加完善。

3.4.3　培训实施的几个关键点

一个培训项目的计划设计、启动到实施完成，往往有一个较完整的周期，时间或长或短，但培训项目运作的成功均需要进行多方面的控制和考虑。归纳起来，重点应做好以下几个方面（李立匣等，2008）。

1）培训时间管理。关键是明确项目各项任务的时间节点，如教学资料印刷、证书制作等都要求在一定的时间内完成；如对受训者而言，遵守教学纪律，要求准时上下课，加强考勤管理等。

2）培训项目成本管理。成本管理上就要精打细算。每个培训项目应单独核算。从横幅、讲义、通讯录的制作，到师资课酬、教室租用、学习用品购买等，都要尽可能做到经济实用，最大限度实现效益的最大化和成本的合理化。

3）培训质量管理。全面实行培训项目负责人责任制，在师资聘请、效果评估、后勤服务等各个环节进行把握与监控，对培训项目进行全面质量管理。

4）人员管理。培训项目的实施要求以项目为单位，在项目组内部做好任务分工，营造相互平等、友好的工作环境，共同协商完成工作。要加强沟通，特别要充分调动工作人员的积极性和责任感，及时沟通解决实施过程中出现的问题。

5）风险管理。培训项目风险主要在于实施过程中有时会出现一些意外情况。比如：讲师因堵车或意外未能及时赶到；场地设备临时出现问题等。这时，提前做好预案就显得尤其重要，培训项目工作人员就要提前做好应对措施，尽可能减少突发事件影响。

3.5　开展培训评估

进行培训评估的目的，既是为了检验培训的最终效果，也是进一步规范培训相关人员行为的重要方法。培训评估结果可以为调整培训规划、设计培训项目提供重要依据。

3.5.1　培训评估的定义

培训评估是与科研院所整体发展战略目标和培训需求相关联，从培训实施过程及培训实施后的一段时间内，运用科学的理论、方法和程序来收集数据，并以此评定培训规划或培训项目的价值和质量的活动过程。一般意义上说的培训评估，是指对培训项目效果进行评价。从评估进行的时间上分，可分为培训前评估、培训中评估和培训后评估。

1）培训前评估是在培训项目开始实施前对受训者的知识、能力和工作态度等现有状况进行评估，作为培训者编排培训计划、设计培训项目的根本根据，属于培训需求分析的一个组成部分。通过培训前评估，能够保证培训项目组织相对符合受训者的预期，提高针对性，使项目设计合理、运行顺利，提高受训者对培训项目的满意度。中国科学院一直强调提高培训的针对性，要求各研究院所培训部门通过调查问卷、座谈、访谈等不同方法，对科研人员、管理人员、技术支撑人员的需求进行调研，聚焦培训目标，设计好培训项目，以确保培训效果。

2）培训中评估是指在培训项目实施过程中进行的评估，包括以每个课程结束后的测验或对讲师的满意度调查，以及受训者的及时反馈等，通过培训中评估能有效控制培训实施过程，减少培训实施偏差。

3）培训后评估是对培训项目的最终效果进行评价，包含对受训者、讲师、培训者以及整个培训项目设计的评价，是培训评估中的核心内容。培训后评估可以使科研院所领导能够明确了解培训预期目标的实现程度，鉴别培训项目的优劣及适应性，为下一次培训计划、培训项目的制定与实施等积累数据和提供有益帮助。其中，对培训效果的评估是衡量培训是否有效的核心指标，评估结果将直接影响到培训课程内容、培训方式的调整以及培训师的选择等。常用的培训评估方法有笔试测验法、实操测验法、行为观察法、面试法、案例测验法等（雷蒙德·A. 诺伊，1999）。

总之，通过培训评估实现对培训实施的监控，起到诊断问题、指导工作、激励改善的重要作用。

3.5.2 培训评估的一般流程

根据培训目标，采用适当的培训有效性评估方法收集信息和数据，并进行汇总分析，最后实施评估并给予反馈。一般说来，实施培训评估包括以下 6 个步骤。

1）分析培训需求。进行培训需求分析是整个培训项目设计的第一步，也是培训评估工作的第一步。培训部门通过培训需求分析来了解职工具体的知识、技能、态度的绩效差距。调查的对象主要包括受训者及其上级领导，并其所在的环境实施调查，排除环境对工作效率的影响。

2）确定评估目的。与任何一项工作一样，培训评估有其特定的目的。在培训项目实施前，就必须明确培训评估的目的，并据此选择评估方法，最终影响数据收集的方法和所要收集的数据类型。多数情况下，培训评估的实施有助于对培训项目的某些部分进行调整，或是对培训项目进行整体修改，以使其更加符合科研单位的需要。如中国科学院以"创新科技、服务国家、造福人民"为发展宗旨，明确"民主办院、开放兴院、人才强院"发展战略，致力于建设充满活力、包容兼蓄、和谐有序、开放互动的创新生态系统，培训活动的设计与评估也都是围绕整体构想来实现，包括培训活动设计应符合创新的价值理念，培训师应认同或适应中国科学院的文化理念，并有效、完整地将有关知识和信息传递给受训者等。

3）收集评估数据。进行培训评估之前，培训部门必须将培训前后发生的数据收集齐备，以便对照。按照能否用数字衡量的标准，培训的数据可以分为硬数据和软数据。硬数据通常以比例的形式出现，是一些无可争辩的事实性数据，是对改进情况的主要衡量标准，也是最需要收集的理想数据。绝大多数科研院所中具有代表性的业绩衡量标准的硬数据，都可分为四大类：产出、质量、成本和时间。但有时候收集完整的硬数据难度较高，如科研成果的产出涉及人员、软硬件支撑、机遇等多方面因素，不同成果的取得所需时间也不一样。中国科学院对工程类的科研项目有明确的时间节点要求，对基础性研究重在积累、探索，往往是五年、十年甚至更长时间。同时，不同时期历史数据的收集方法不同，缺乏统一标准导致可对比性低，也是一个难点。这时，软数据在评估项目时就很有意义，常用的软数据类型可以归纳为6个方面：工作习惯、氛围、新技能、发展、满意度和主动性。在具体部门人员的配合下，评估数据的收集最好集中在一个时间段内，统一数据标准，以便进行分析比较。

4）确定评估层次。柯克帕特里克提出了最著名的培训评估模型，从深度和难度上看，包括反应层、学习层、行为层和结果层4个层次。培训部门确定最终的培训评估层次，并决定要收集的数据种类。

反应层评估是指受训者对培训项目的看法，包括对培训内容、讲师、培训材料、培训设施、培训组织等各方面的看法都可进行评估。反应层评估的主要方法是问卷调查，用于收集受训者对培训项目的效果和有用性的反应。问卷调查通常在培训项目结束时进行，易于实施，也容易制表、汇总和总结分析（李玮，2012）。但问卷调查的数据具有主观性，易受受训人员当时的情感和意见影响。

学习层评估是测量受训者对知识、技术和技能的掌握程度，是最常见、也是最常用到的一种评价方式。学习层评估的主要方法包括笔试测验、技能操练测验和工作模拟等。笔试测验是了解知识掌握程度的最直接有效的方法，而对于一些实验操作或特殊技术操作的工作，例如生物实验仪器操作，或玻璃磨工等，则需要通过工作模拟或技能操练测验来考核受训者掌握技术提高的程度。强调学习层评估对增强受训者的学习动机，提高学习效果有直接的帮助。

行为层的评估包括受训者的上下属及同事对其参加培训前后行为变化的对比，以及受训者本人的自评。行为层评估在培训结束一段时间后进行，由受训者的周围同事或客户观察其行为差别，以及在实际工作中是否应用所学知识。这种评估方式需要其他部门人员的良好配合，也比较耗时耗力，但对于确认培训实际效果有重要的参考价值。如果受训者的最终行为并没有因为参加培训而变好，那说明培训是无效的，必须重新审视培训项目的设计及实施，以提高效用。

结果层的评估从科研院所组织发展的高度，来看整个组织是否因为培训而变得更好。这可以通过一些指标来衡量，如科研经费增长、科研项目争取数、科研成果数、事故率、职工流动率、产品质量、人员士气等，通过对这些组织指标的分析对比，确定培训对组织带来的整体贡献度。但结果层的评估往往是最难的。因此，科研院所的发展受到人才、政策、管理等多方面影响，而且产生作用的时间很长，某项工作的效果并非短期内可以看出。但从科研院所内部人员的主观判断上，还是可以看出培训是否推动了发展，是否为单位带来了收益。

5）调整培训项目。通过对收集到的评估信息进行认真的分析，培训部门对于某项培训项目基本上可以获得一个相对客观的结论，并可据此有针对性地调整培训项目。如培训项目没有效果或是存在重大问题，就应该考虑取消该项目或进行大调整。若评估结果表明，培训项目的某些部分不够有效，例如培训内容不适合、讲师不合适、授课方式不当或受训人员缺乏积极性等，培训部门可考虑进行针对性的重新设计或调整。

6）反馈评估结果。好的评估是不能忽视对评估结果的反馈与沟通。培训部门应该向单位领导、参与部门、培训讲师、受训者等方面反馈结果。拿出翔实的、令人信服的评估结果数据，让单位领导了解培训的成本及收益，打消领导投资培训的疑虑心理，获得更大的资源支持。向培训项目的各个支持部门反馈结果，总结经验、反映不足，加强沟通协调，进一步完善下一步工作；特别是使受训者的上级了解受训者通过培训的变化，并为受训者创造学以致用的环境。向培训讲师反馈评估结果，促使培训讲师根据培训评估结果，不断升级版本课程，提升培训质量，改善教学效果。把评估结果反馈给受训者，帮助其查找不足，校正行为，从而促进正面行为的发生。

最后，必须强调的是，反馈评估结果要不存偏见也要有效率，要根据不同对象反馈适当的信息，使各方在得到反馈意见的基础上精益求精，共同促进培训效果的提高。良好的培训评估反馈系统，可以进一步改进培训质量、增强培训效果、降低培训成本。如果科研院所的领导、培训部门、受训者的直接上级、培训讲师和受训者之间有良好的沟通氛围，培训评估会因各方的努力而更加有效，同时培训部门的工作也会更加有效。

　　总而言之，随着经济社会和科学技术的迅猛发展，培训的有关理念也在不断更新，以系统科学的方法做好各环节的过程管理，满足广大职工和科研院所发展对培训的需求，使培训成为提高职工的岗位胜任能力和综合素质的有效手段，成为推动科研院所建设发展的重要途径。

3.6　案　例　分　析

3.6.1　案例6

实施面向特定群体的培训

　　新药研究是推动生物产业发展的重要源泉，它涉及生命科学、生物技术及相关学科和领域前沿的新成就与新突破。近年来，国际药物研究领域新兴学科发展迅速，围绕新靶点的发现，发展了许多新的研究领域和新技术，如何有针对性地帮助不同群体人员尽快了解国际前沿领域新动态，掌握新技术、提高新技能，在服务国家新药战略中做出新成绩，中国科学院上海药物研究所（以下简称上海药物所）在原有培训工作的基础上，提出了"建设学习型单元，促全员能力提升"的新思路，即以建设学习型组织为抓手，以职业培训为主题，针对不同群体，设计和组织全员的能力提升活动，促进了职工队伍综合素质的提升，研究所科研竞争实力稳步提高。

1）实验技术练兵行动。实验技术是新药研究不可或缺的重要手段。2007年始，上海药物所就把新药研制过程中的实验技术练兵作为培训工作的重要内容，通过提升实验人员技能，达到提升技能培训和新药研究质量的"双赢"目标。

多种渠道夯实新药实验技术练兵的认知基础。通过学习讲坛，拓宽相关领域知识面，掌握形成技术能力所需的基础知识；开展学习方法和技术方法的交流，更新认知结构，推进知识和技术的互动。

紧贴实际搭建新药实验技术的练兵平台。以"结对子"的形式开展传、帮、带式的技术练兵活动，开展互帮互助互学；搭建"动物实验技能操作平台"，通过演示和操作实践，提高动物实验的规范化和熟练度；搭建"实验技能比试平台"，检验研究生和青年实验人员的操作技能。

围绕主题营造新药实验技术练兵的良好氛围。以运用"组会"方式，以"读书感悟"为题，开展技能和感悟交流，引导大家"学习为荣"；以"树学习主题，展岗位风采"为题，出版新药实验技术的宣传专栏，营造重视实验技术的氛围。

制度设计提供新药实验技术练兵的运行保障。为从事技术支撑的高学历人员专门开辟了晋升路径，鼓励"行行出状元"，让有志者成为新药技术研究和实验领域的一把好手，使技术支撑人员的成长和成才成为可能。

5年来，伴随研究所新药研究技术平台体系的建设，实验技术和技术方法逐步规范化，技术人员的技术水平得到提高，职业进取心大大增强，"新药实验技术练兵行动"被上海市总工会评为"职工素质工程品牌项目"。

2）巾帼建功示范点。上海药物所女性职工数已超过职工总数的50%，需要选择合适的途径和方法，着力推进女性职业培训。2008年，上海药物所妇女工作委员会在调研基础上，酝酿开展"巾帼建功示范点"活动，以点带面，以学习和培养为主旨，开拓各类女性岗位成才之路。

上海药物所着重确定了 4 个方面的建设：①学习能力建设，以学术交流、导师传授、专题研讨、论文写作、进修学习等为主要途径；②技术素质建设，以实验知识更新、方法创新、技能竞赛等为主要途径；③文明素养建设，以女性读书活动、礼仪修养讲座、文化体育活动、心理疏导讲授等为主要途径；④团队组织建设，选择女性超过50%且负责人为女性的团队，把女性素质提升贯穿于团队建设全过程。上海药物所党委把党群联建"巾帼建功示范点"纳入党委年度计划，运用现场指导、方法指导、专项指导等方式，在服务女性生活、文化、心理需求的同时，推进女性岗位成长成才。按照"一年抓试点、二年抓推开、三年抓巩固"的要求，形成提升服务妇女素养、服务科研发展的活动品牌。

具体做法是：①组建工作指导小组。以妇委会为主，党群办主任、人力资源处处长及示范点所在党支部书记参加，负责指导、协调、督促、落实和推广工作。②建设共建机制。党政群在协商协调、动员组织、宣传推介、服务保障等方面形成互动共为的共建机制。③建设工作机制。工作指导小组须就服务女性岗位成才的教育培训、指导咨询、培养推荐提出建设性意见，整合党政工有效资源，形成创建合力。

2008 年至今，上海药物所共遴选了 6 个团队作为建设试点，其中 2个团队获得上海市"巾帼文明岗"和上海市科技系统"三八红旗集体"荣誉称号。

3）学习型单元建设。以各个研究组和职能部门为主体，建设"学习型单元"，是上海药物所创新文化建设的一项重要任务。上海药物所以此为抓手，鼓励各部门和研究组结合实际，开展了多种形式的提升能力和素质活动。

上海药物所的重点研究和发展领域包括天然活性物质的发现、新靶标的确证、分子药物设计等十类。各单元根据研究方向和工作特点，以实际需求为出发点，明确学习与培训内容，做到了与岗位实践活动的结合，与重点事、难点事和具体事相结合。

以喜闻乐见的形式组织学习、交流和培训活动，把大多数人的共同参与作为出发点，且设计的活动有较长的延伸性。如"科研前沿大家讲"，让每个科研人员都走上讲台，交流国际前沿资讯和发展动态；"新药沙龙"，以国内外优秀学者为主角，为青年科技工作者搭建交流平台；"英文汇报比赛"，学术报告以英语方式汇报交流，既练习了英语，也锻炼了口头表达能力。

据不完全统计，近 5 年来，"学习型单元"共组织各类培训活动逾百场，参与人数逾千人。其中"PI 讲坛""青年新药沙龙""实验技能竞赛""图书角""心灵鸡汤"等已逐渐成为特色培训活动。

4）青年活力工程。上海药物所 35 周岁以下青年占到全所人员的70% 以上，年轻的职工和研究生已成为新药研究中的主力军。所团委按照党委部署，以服务青年、服务科研为己任，积极探索新形势下提升青年综合素质的新途径和新方法。

培育青年素质。自 2009 年起，所团委通过组织"我的 1919""我的长征之旅""学党史、知党情、跟党走""我的青春我的团"等系列体验式培训，引导青年科研人员学习党史党情，进一步激发团员青年的爱国情怀和勇于追求理想的科研精神。

组织学习专场。2008 年以来，通过与兄弟院所和所内行政部门联合组织了诸如"实战药学信息讲座""药物研发常用数据库的使用""Nature 主编学术讲座""专利检索与专利申请""毕业生体验传授""研究生学术讲坛专场"等有针对性的专题培训和科研讲座三十余场，累计参与近两千人次，帮助青年科研人员提升科研技能、交流科研动态。

提升团队素质。自 2011 年起，提出了以提升团支部活力主题的

"团支部活力工程"建设，着力培养科研青年的团队意识、团队素质、团队能力和团队文化，实现研究所的发展与青年团队成长同行，为上海药物所发展凝心聚力。

5年来，所团委坚持开展青年活力工程活动，先后荣获了中国科学院五四红旗团委、上海市五四红旗团委、上海市志愿服务先进集体等称号。

（素材提供人：中国科学院上海药物研究所 成建军、吴英、徐晓萍、高安成、毛汝倩）

案例小结 对于研究所来说，培训活动要得到认同，必须要找到落脚点，才便于组织实施。上海药物所针对青年、妇女的不同群体，实验人员、管理人员和课题组长的具体对象，以不同的主题，分别设计培训载体，开展针对性很强的学习活动。把建设学习型组织作为"继续教育"的主要抓手，强化"学习"是基础，素质提升是目标，改革创新是关键，以学习求发展是本质。把培训看成一个集体行为，是多个单元和一大批个体的行为的集合，从而使研究所有意识地形成互动、同学、共享的学习创新体系，使"学习"和"创新"的相互作用成为研究所持续、健康、快速发展的主要成因，并坚持不断的推行，取得了良好效果。

3.6.2 案例7

推进特色培训项目的十大环节

为建设作风正、业务强、效率高的机关干部队伍，中国科学院院机关提出建设符合机关特点、满足各类各层次职工需求、各种培训方式互相补充的院机关培训体系，推动学习型组织建设。

中国科学院院机关培训体系主要包括组织机构、管理体系、课程体系和支持体系。其中，课程体系由培训班、专题讲座、专题报告、网络培训平台、外训等构成。近几年，中国科学院院机关以"创精品培训项目，树特色培训品牌"理念为指导，实施专业化、流程化、规范化、系统化的培训过程管理，重点办好四类特色培训班，以培训助推职工职业发展，促进机关全员能力提升。

分层分类，设计四类培训班。中国科学院院机关根据职工岗位层级和特点，按中层（处长）、骨干、新进人员进行分层，按不同类别的培训课程进行分类，设计新进人员上岗班、业务骨干培训班、处长上岗班、处长研讨班四类培训班，实现机关处级及以下人员培训全覆盖（表 3-2）。四类培训班均采取"两段式"，第一阶段在院机关举行，使于机关授课领导合理安排时间；第二阶段安排到京郊，使学员避开工作干扰，全身心投入学习。

表 3-2　中国科学院院机关培训班简要介绍

名称	受训者	培训目标
新进人员上岗班	新进机关人员	基本了解院情、院史，初步掌握院机关工作方法、规章制度、办事流程、基本知识和技能，培养良好的职业素质，增强荣誉感和责任感，更好地融入机关，顺利进入工作角色
业务骨干培训班	业务骨干	改善知识结构，不断提高业务水平和管理技能，激发管理创新的活力，适应新的发展需要
处长上岗班	新任职的正副处长	明确职能定位和角色要求，进一步提高领导能力、业务能力和执行能力，更好地履行工作职责
处长研讨班	任职 2 年及以上的正副处长	不断提高政策水平，提升开拓创新能力，增强工作的预见性、系统性和创造性，提高管理效能

实施专业化的过程管理。为确保每一期培训班的成功举办，注重加强专业化的培训过程管理，在培训需求分析、制订教学计划、课程设计、师资邀请、会务筹备、组织实施、培训评估、培训宣传、培训总结、改进提高等 10 个培训组织环节，实行闭环管理，做到有序推

进，持续改进。

1）定期开展培训需求调研，为培训工作有效实施提供依据。中国科学院院机关采取定期开展培训需求调研的方式，全面了解职工知识、技能等方面的需求，提出下一步培训工作思路和重点，确保培训工作的及时跟进和有效实施。

2）制订教学计划，培训班设计做到"有章可循"。结合培训班需求，从培训目的、培训对象、培训课程、培训安排4个部分，制定不同类型培训班教学计划，确保每类培训班课程设计时做到"有章可循"。如《院机关新进人员培训班教学计划》的培训课程设计，有院情与院史、院机关职能与制度、院机关办事流程与工作技能、敬业精神与职业规划（职责使命、个人素养、职业规划等）、体验式培训（侧重团队合作、心理素质训练）。《院机关业务骨干培训班教学计划》的培训课程设计，有院情进展、管理能力（基础管理课程、管理方法交流）、工作技能（办公自动化、公文写作、口头表达能力等）、团队建设（协作、沟通、创新能力）、体验式培训。

3）精心设计培训课程，提高培训的实效性。每年年初，制定《机关年度职工培训计划》，确定培训目标和培训班次。针对培训对象，围绕培训目的，按照既定的教学计划，精心设计每一期培训班的课程内容，以内容、形式的"差异化"，提高培训的实效性。如处长上岗班和处长研讨班有不同的培训目的，课程内容设置的侧重点也有所差异：处长上岗班侧重于明确管理职能定位和角色要求，帮助新任处长实现角色的顺利转变；处长研讨班侧重于提高处长的政策水平和管理能力，扩展他们的视野，进一步增强工作的预见性、系统性和创造性。2011年处长上岗班课程设置，有：角色转变——"怎样当好中层管理干部"、能力修养——"浅谈机关中层干部的能力修养"、管理能力——"打造卓有成效的领导力"、工作技能——"项目管理与创新"和户外体验式培训及工作研讨。2010年处长研讨班的课程设置，有：形势与任务——"中国经济阶段性变化特征、发展趋势和政策导向"、管理知识——"知识管理"、管理技能——"从合格到卓越——如何成为一名优秀的中层管理者"、工作能力——"高效执行力"、工作交流——"知己知彼的沟通技术"、户外体验式培训及 3 个单元的研讨。

4）注重积累，加强沟通，做好师资选择和邀请。培训讲师是决定培训效果的关键。唯有平时注重积累，多方调查，加强沟通，才能选择适合需求的讲师。通过挖掘内部讲师、同行推荐、经常浏览网站的培训资讯、从员工调查问卷中获取推荐师资信息、试听培训师现场讲课或视频课程等方式，多方调查，识别"良师"。结合收集到的培训讲师信息，按照择优入库、动态管理的原则，建立"师资库"，注明讲师的授课重点、讲课风格、联系方式等，并进行实时动态管理，为师资选择做好"后台支持"。确定邀请的讲师后，做好双向沟通，进一步明晰培训需求，增强培训效果（表3-3）。

表 3-3　不同沟通方式及内容说明表

方式	内容
与讲师沟通	1. 就院机关情况、培训对象特点、授课重点内容、培训学时安排、培训方式进行前期沟通，让讲师充分了解机关情况和培训需求 2. 认真审核课件，对课件内容、展示形式等提出修改意见，在条件允许的情况下，还邀请老师先行试讲，在授课风格、内容安排等作进一步沟通，使课件更适合学员学习
与学员沟通	采取课前调研方式，以问卷形式，提前将课程安排发给学员，一方面让学员提前了解培训内容，另一方面征求学员意见，并将意见反馈给讲师，及时调整授课内容
安排讲师与学员直接沟通	为院外邀请的讲师推荐相关学员，通过电话沟通的方式，使讲师直接倾听学员需求，增强培训针对性

5）制定预案。通过制定预案，并根据预案逐一落实，确保各个环节不出纰漏，有力保障培训实施。

6）扮好"三种角色"，认真组织实施。培训班前期筹备完成后，在培训实施现场，扮好三种角色，即培训主持者、讲师助手和学员服务者，确保培训成功实施。作为培训主持者，做到从头到尾跟踪培训。作为讲师助手，要协助讲师做好培训事务的配合，如讲义问卷下发回收、协调培训形式、活跃现场气氛等。作为学员服务者，要倾听学员对培训课程、培训形式及培训组织的意见和建议，积极协调改进。

7）开展培训评估，巩固培训效果。为了解培训班实施效果，主要从3个层次开展培训评估：反应层次评估是向学员发放《培训意见反馈表》，了解学员对讲师、培训组织及培训班的意见和建议，形成评估报告，提出改进措施；学习层次评估是对一些课程进行考试，了解学员对培训内容的掌握程度；行为层次评估是在培训结束后，要求每个学员撰写一份培训感想或收获并形成汇编，既继续加深对培训内容的理解，又让学员分析和总结培训收获，使培训内容能学以致用。

8）强化宣传，扩大培训班影响力和辐射力。以中国科学院院网、人教网、机关党建网为平台，加强培训班新闻报道，扩大培训班在机关及全院范围的影响力。参加培训班的学员还以其亲身感受和体会，通过向部门汇报、为其他未能参加培训的职工分享讲义及体会等方式，发展培训班的"粉丝"。另外，将每期培训班学员体会汇编发给学员、所在部门及相关领导，既促进学员之间相互学习，也让部门领导了解学员的学习情况和体会，为职工再次参加培训提供支持，有效地提升培训班的辐射力。

9）做好后期管理，为培训班持续开展打好基础。每期培训班结束后，从培训总结、资料归档两个方面做好培训班后期管理，为培训班的持续开展打好基础。培训总结是针对培训班实施中的特点、经验及不足之处及时进行总结，把好的经验凝练提升，针对不足之处提出改进措施，为下次培训班提供借鉴意义。对培训过程中产生的资料，如通知、培训手册、评估表、体会汇编等，收集归档。另外，讲义、光盘等作为今后培训和学习资料，妥善保存。

10）举办"回头看"活动，巩固改进提高。培训班结束后 6 个月，举办"回头看"活动，重温培训场景，检验培训效果，搭建交流平台，话谈体会收获，巩固培训班品牌，同时也为下次培训积累经验。

通过上述 10 个环节，确保培训计划落地实施，切实使职工从培训中获益，培训的满意度得到很大提升。自 2009 年，中国科学院机关共举办了 6 期培训班，提供 144 个学时，培训 165 人次。培训班在学员中取得很好的反响，成为机关文化建设的载体，承载着机关价值理念的宣贯、规章制度的告知、岗位技能的培养、优良传统的继承，为机关职工提供一个学习、交流的平台和展示才艺的舞台。

（素材提供人：中国科学院人事教育局 张燕、刘京红）

案例小结　中国科学院机关干部培训注重加强培训活动的全过程管理，在各个环节做到细致、到位，形成良好效应。首先，抓好"两头"，一是"前头"，二是"后头"。抓好"前头"，做到前有规划，设计规范，把准需求，做到有的放矢。抓好"后头"，做到后有跟进，形成流程，促使学员"学—思—悟—化—行"，切实提升职工素质。其次，持续改进，重在形成品牌。针对存在的问题，及时采取措施，在管理和服务上持续改进，不断完善，使培训班的美誉度越来越高，逐渐形成品牌，吸引更多的职工参与，提升培训班的影响力和辐射力，保持培训班持续发展的活力。

3.6.3　案例 8

利用国际合作开展科研人员培训的探索

中国科学院近代物理研究所（简称近代物理所）在重离子加速器（CSR）大科学工程建设时期，利用国际合作与交流开展科研人员的培训，有效缓解了在研科研人员的工学矛盾。

建立目标明确的科研技能培训规划。在 CSR 大科学工程建设之初，研究所及时地做出了科研人员的专业培训规划，积极选派优秀的科研人员前往各领域前沿进行留学。首先是派所内青年科技骨干长期出国，到德国重离子研究中心（GSI）、瑞典 Uppsala 大学加速器实验室、日本理化学研究所、意大利核物理研究院南方实验室、美国印第安纳大学等国外著名的研究中心留学，参加原子物理、放射性束物理、辐射生物、重离子在材料和生命科学中的应用研究，系统地学习先进的物理思想以及大工程建设的经验和最新技术。这一举措为在 CSR 上开展物理及相关交叉学科基础和应用研究培养了大批的学术带头人。其次，为解决大工程遇到的技术问题及时派人到国外实验室和公司进行短期的培训交流与合作研究，先后派出 36 人次专业人员去 GSI 留学，配套培养 CSR 总体设计、磁铁、自控、电源、束诊、真空、高频等方面的专业骨干。研究所在派出的同时，还有针对性地邀请外国专家来华交流，培养储备以后在 CSR 大科学装置上实现科技创新目标所需的关键人才。

发掘高端师资资源。在国家和中国科学院的共同努力下，近代物理所邀请到了来自德国、美国、荷兰、日本、加拿大等国的国际著名核物理和加速器专家来中国现场指导。包括 2000 年成立的 CSR 大科学工程国际顾问委员会的 7 名成员，CSR 工程国际顾问委员会主任、德国 N. Angert 博士，国际电子冷却技术主要发明人、俄罗斯科学院院士 Meshkov，俄罗斯科学院 Parkhomchuk. Vasily 教授，德国著名专家 Otto. Klepper 博士等。研究所利用每次国外专家来所合作交流的机会，组织开展专题报告会、专题讲座、专题研讨会，安排合作研究、访谈交流，克服了国内师资不足的情况，为所内科技工作者搭建了最佳的学习平台。与来自不同国度的科学家讨论切磋，吸纳了世界上不同实验室的物理思想和工程经验，十分有利于科研人员综合借鉴各种先进的思想和技术。

建立紧密的交流指导关系。研究人员可以根据个人工作及学习情况，通过听讲座、专题研讨会、留学、合作研究等方式与专家直接交流、深入探讨。CSR 国际顾问委员会成立后，科研人员能更方便的与各位专家进行交流，委员会成员与各系统负责人时常保持通讯联系，不断进行技术交流，为年轻科技骨干做参谋。在国外留学期间，部分科研骨干随外国专家到设备加工企业现场调研，在现场遇到问题能及时向专家请教。针对关键技术难题，研究所专门邀请来自德国、俄罗斯等国的专家到国内加工厂家进行现场考察和指导，进行联合技术攻关。直接交流让科研人员受益匪浅。

开展卓有成效的合作研究。研究所邀请了国外多家科研机构及科技公司开展技术等方面的合作研究。通过合作研究，科研人员迅速掌握了最先进的技术及生产工艺。俄罗斯科学院新西伯利亚核物理研究所（BINP）在电子冷却装置的设计和制造技术方面掌握世界先进水平，近代物理所专门邀请 BINP 专家来兰州开展合作研究，在电子冷却装置、宽频带高频机、先进内靶及特殊磁铁等装置的研制过程中，近代物理所科技人员掌握了如磁铁线圈真空环氧浇注和高精度螺线管制造等方面的关键技术。

健全完善的培训管理制度。考虑到 CSR 大科学工程建成后在新一代大科学装置上还需继续开展创新性前沿研究工作，研究所决定继续坚持通过开展国际合作来培养专业齐全的人才队伍。同时规范了培训的制度，制订了统一的培训目标，对培训对象、培训内容、培训方式进行了统一的规划与管理。围绕 CSR 大科学工程全方位，分层次地开展了形式多样化，内容目标化，年龄梯队化，经费多元化，按照工程进展序列化的教育培训。

以上措施实施后，取得了较好的效果。

1）专家授业拓宽了科研视野。通过参与不同国家专家的报告会、研讨会、专题讲座，所内科研人员接触到了丰富、先进的科学理念，开拓了研究思路,丰富了研究方法。无论是在基本理论、设计理念,还是实验方法、工艺技术等方面都实现了最大的获益。

2)重点培养优化了人才资源配置。通过选派优秀年轻科研人员出国留学,研究所培养了大批优秀的科技骨干,克服了因地域及历史原因造成的所内学术近亲繁殖的不利因素,促进了学术队伍建设的良性循环,实现了人才资源的优化配置。

3)合作研究促进了项目完成效率的提高。通过合作研究的形式,科研人员不仅快速掌握了先进的技术、技能,还创新出新的技术工艺,大大提高了合作项目完成的效率,确保了大科学工程的质量,并实现了多项先进技术指标。

4)工学结合,激发潜力。科研任务是脱产学习最可观的机会成本,很多科研人员平时忙于科研任务,没有额外的时间进行必要而又系统的脱产学习。大科学工程建设时期,研究所给科研人员提供了具有针对性和实效性的专业学习与培训机会,工作与学习相结合,大大降低了学习与工作的机会成本,让人力资源得到合理的利用。这种富有针对性的教育培训受到所内科研人员的广泛支持,教育培训的参与程度很高。

（素材提供人：中国科学院近代物理研究所 梁敏乐、梁强、邱嵘）

案例小结 长期以来,工学矛盾是培训工作开展的障碍之一。近代物理所在 CSR 大科学工程建设时期,正视研究所现有人才队伍的短板,利用外来合作资源,引进高资质的师资资源、出国留学、合作研究等方式,开展培训工作;充分利用了可利用的教育资源,为研究所当前任务服务。对于工学矛盾,研究所着眼长远发展,既结合工程建设的实际,又坚持工作与学习结合,实现了研究所和科研人员的"双赢"。

3. 6. 4　案例 9

"三个三"培训工作法

中国科学院电工研究所（简称"电工所"）从 2007 年开始，创建"三个三"培训工作法。通过引入现代管理学中的"培训体系"理念，探索出一条既满足质量管理体系要求、又符合科研机构培训工作特点的道路，使培训既可满足职工的岗位培训需求，又能促进研究所的发展战略，有效推动了学习型研究所的建设进程。

电工所创建运行的"三个三"培训工作法，是将培训的所有工作环节，归并整合到培训开发、培训教学和培训评估三个阶段中来，每个阶段再分成三步，并按照质量管理体系的要求组织实施，确保培训工作能够具有较强的针对性和实效性。

具体来说，在培训开发阶段，分三步进行：首先深入基层，了解培训需求；其次与部门负责人沟通，确认培训需求；另外根据培训需求制订培训计划。在培训教学阶段，要做到以下三步：首先根据培训计划，选择培训讲师，并与培训讲师沟通确认培训内容；其次通知培训并筹备相关工作；另外做好培训教学的现场组织管理工作。在培训评估阶段，从反应层、学习层、行为层 3 个层面评价培训效果，确保培训评估客观全面。

在开发培训计划时，电工所借助岗位职务描述和人员素质测评等现代人力资源管理手段，认真做好培训需求调查和分析，并据此设计制订培训计划，以确保实施的培训项目具有较强的针对性。具体分三步来进行。

首先，对专业技术岗位人员和管理人员，分别召开不同职称级别职工座谈会，广泛听取专业技术人员和管理人员对于培训工作的意见建议，了解基层培训需求。

其次，通过召开研究单元和职能部门负责人座谈会的形式，了解专业技术岗位人员和管理岗位人员的工作技能现状，与岗位胜任力模型特征要求之间的差距，并与研究单元和职能部门负责人沟通交流征询到的基层培训需求，以确认最终培训需求。

最后，针对最终培训需求，确定培训内容和形式，制订培训计划。此外，培训计划还包括一些针对所内具有特殊要求的岗位培训，以及新职工入所教育等其他培训。

电工所各职能部门相互配合，根据各级各类岗位的不同特点，主要开发并已实施的培训计划项目如表3-4所示。

表3-4　中国科学院电工研究所职工培训项目

序号	培训对象	培训类别	培训项目
1	科研人员	专业技术	科技前沿论坛、所内学术交流、青年学术沙龙
2	支撑人员	人员培训	实验室有效管理培训
3	所骨干	管理岗位人员培训	所骨干培训
4	科研管理骨干		科研管理骨干培训
5	机关管理人员		机关人员业务培训
6	质量体系岗位人员	其他相应培训	质量管理体系培训
7	涉密人员		保密培训
8	研究生指导教师		导师上岗培训
9	新职工		新职工入职培训

在培训教学阶段，电工所按照质量管理体系的标准要求，对培训计划的组织实施进行全流程管理。由于丰富了培训内容，改进了培训形式，参训学员的学习效果得以改善，培训的实效性得到增强。具体也分三步来进行。

首先，根据培训计划所确定的培训项目，选择授课水平高、收费合理的培训讲师，并与培训讲师交互沟通确认具体教学内容。

其次，通知举办培训班，并按照培训讲师的要求筹备开课前的各项相关工作。

最后，按照质量体系的要求，做好培训教学的现场组织管理工作。包括实行考勤制度，要求参训学员填写《培训签到表》；培训组织者需要填写《培训记录表》和《培训学员档案表》，记录培训全程的情况，以及培训班学员的整体学习情况。这样做，便于整体掌控培训教学阶段的情况，有助于提升培训的实效性。

在培训评估阶段，从反应层、学习层、行为层三层面评价培训效果。由于培训效果评估是衡量培训是否有效的关键所在，评估结果将直接影响到培训课程内容的调整、培训形式的变化以及培训教师的选择等，因此评估至关重要。电工所从 3 个层面对已实施的培训项目进行效果评估，以确保培训评估结果客观全面。

第一层评估是反应层。在培训教学结束时给学员发放《培训满意度调查表》，了解学员对培训内容的适宜性、培训教师的讲授水平、参训后的自身感受等。

第二层评估是学习层。通过采用笔试、口试、撰写学习心得报告、让新职工填写《职业生涯设计表》等形式，了解学员通过培训所掌握的知识、理论、技能或理念。如每年组织涉密人员进行保密知识的闭卷考试，对于考试成绩未达到 80 分者，要进行补考。

第三层评估是行为层。通过在培训结束一段时间后，深入科研一线现场，根据《人员培训后考核评价表》来跟踪评价学员是否将所学技能应用到实际工作中，工作技能是否满足岗位需要，用以全面准确反映培训的实际效果。

通过从 3 个层面进行效果评估，对培训实施过程不断进行分析和总结，促进培训教学内容、培训教学形式、培训教师选择等实现持续改进，推动培训工作能够有效开展。

电工所运用"三个三"培训工作法，由于找准了培训需求，明确了目标，并注意丰富培训内容，创新培训形式，培训的针对性和实效性得到有效增强。同时利用科学有效的培训评估机制，使职工参训后的工作业绩情况得到提升，推动了培训工作有效开展。这不仅体现在参训人次数连续五年显著增长（图3-2），而且还体现在针对培训对象的不同岗位特点，灵活运用与培训内容相适应的多种培训方式，确保培训教学效果具有成效。

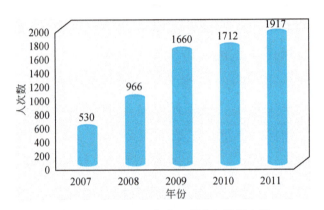

图 3-2　2007，2011 年电工所参加培训人数

（素材提供人：中国科学院电工研究所 樊心刚）

案例小结　流程化、全程化是培训活动顺利实施，取得实效的有效保证。电工所创建运行的"三个三"培训工作法，对培训全过程实施了流程化管理，简单明了，易于实施，使得培训活动得到有效控制，从而既满足质量管理体系要求，又满足研究所实际发展需要。特别是在培训评估阶段，从3个层面对培训内容、培训讲师、培训组织、培训学习效果等方面给予评价，同时对未能按计划组织的培训，要求书面说明原因及安排的补训计划，对培训效果进行有效性评价，实现了培训全过程 PDCA 四个循环环节的闭环要求，确保培训的针对性和实效性得以持续增强。

参 考 文 献

黄健等.2007.培训师（管理师）.北京：中国劳动社会保障出版社

雷蒙德·A.诺伊.1999.雇员培训与开发.徐芳译.北京：中国人民大学出版社

李立匣，尹礼宁，王少军.2008.干部培训项目管理的实践与创新.继续教育（12），50—52

李炜.2012.分析员工需求完善培训体系——研究所培训形式和方法初探.人力资源管理.

　（4）：43—44

卿涛，罗键.2006.人力资源管理概论.北京：清华大学出版社；北京交通大学出版社

王凤红，郑晓峰.2010.员工培训管理精细化实操手册.北京：中国劳动社会保障出版社

第四章　培训方式的创新

　　培训方式是实现培训有效性的重要手段与工具，在培训实施过程中具有重要的意义与作用。培训方式的创新是以适当的成本支出，改进已有的培训方式或采取全新的培训方式，使培训内容更具效率和效果地转化成为培训对象的能力。培训方式对培训效率和效果有着重要影响，对达成培训目的和目标具有重要意义，因此成为培训改革创新的重要切入点。

4.1　培训方式创新的意义与作用

　　培训作为开发与发展人力资源的基本手段，已经成为现代组织提升创新能力，增强竞争力，加强综合实力、整体实力的有效手段。在知识经济时代，人力资本由于其所具有的独特稀缺性已代替其他资本成为新的稀缺资源。根据不同岗位和不同阶段的工作需要，通过结合书面的教授或其他的培训方式，对职工进行培训，以达到更新他们的知识、技能、理念，塑造他们的态度，提高他们的综合素质，以期影响他们的行为，促进组织更好、更健康地发展，这已经成为现代组织的一个普遍态势。

在培训实践中，可能会出现如下迥然不同的情况：同样的培训课程，对于有的学员是"不解渴""吃不饱"，而对于其他的学员则是"如听天书""吃不消"。发生这些情形，可能是由多种原因引起的，但是培训方式在其中发挥作用和效果不言而喻。在培训实践中，同样的内容，以不同的方式施教，效果相差甚远；同样的内容，由不同的培训师施教，培训效果也大相径庭；而由同一个培训师以不同的方式进行施教，培训效果的差异也会十分明显。培训方式在人员培训中起着十分重要的作用，可以说，培训方式创新是提高各类人员培训有效性的重要途径和关键环节，但是培训方式的创新必须遵循创新的一般规律和培训的一般规律，还要充分考虑受训对象、受训机构以及培训实施机构等相关方的特点。从某种程度来讲，培训目标的实现程度、培训任务完成的质量以及培训工作的发展水平都会受到培训方式的制约，创新培训方式作为培训实施环节中重要的元素，是提高培训质量的重要环节，对于进一步增强培训的有效性具有重要意义。

2006年中组部下发了《干部教育培训工作条例（试行）》进一步规范了干部教育培训的内容体系，并要求培训机构必须探索新的培训方式。2008年，习近平在全国干部教育培训工作会上的讲话，进一步指出干部教育培训工作是干部队伍建设的先导性、基础性、战略性工程，要继续解放思想、坚持改革创新、更加扎实工作，推动教育培训工作有一个新的改进和提高。中央下发的文件和中央领导同志的讲话都强调了创新在加强教育培训工作中的作用，赋了了教育培训工作新的历史使命和责任。

由于中国科学院各研究机构的专业技术人员的特殊背景，他们自身就生产知识，培养人才，每一个研究人员每一天所做的工作实际上就是在不断发展与提升自己，在各自的研究领域他们都是专家，这是这类知识工作者的一个基本特点。另一方面，研究机构的科技专家都有自己固有的培训与开发的方式，如参加国际学术会议、学术交流会、学术报告会、科研组会等等，这是这类知识工作者的另一个基本特点。上述两个特点也是对科技工作者进行培训与开发的特殊性所在。他们普遍具有较丰富的科研实践工作经验，有明确的培训需求和学习风格，他们的培训以提高能力为核心，需要注重个体参与，讲究方式方法，这就对专业技术人员培训的方式提出了更高的要求。

创新是培训事业得以发展的生命力，在开展培训的过程中，创新培训方式越来越显示出其意义与价值。培训方式必须在不断创新中发展，在发展中创新。在新形势下，专业技术人员的培训既要对传统的培训方法和经验有所继承和发展，还要努力创新培训理念，创新培训内容和培训方式，以适应对专业技术人员开展大规模培训的需要，和提高培训有效性的需要。

4.2　培训方式创新的基本原则

4.2.1　着眼实际

培训方式的创新需要面对问题，解决培训实践中的困惑，需要以实际工作的需要为原则，面对培训对象的差异，面对空间、时间的不同，采取不同的培训方式。

实际工作需要就是要深入挖掘由于岗位要求变化、能力素质的差异以及工作实践中存在的问题，把这些问题进行提炼归纳，从而在此基础上采取差异化的培训方式进行培训，比如针对工作实践中存在的问题，就可以进行研究式的培训，以研究解决问题，以问题带研究。

科研院所的培训对象大多年纪轻、学历高、观念新、思想活，他们不仅有较高理论水平，而且自学能力强、实践经验多，在培训学习上期望值也很高。面对这样的培训对象，采用传统的培训方式显然不符合他们的实际，需要采用情景设计等培训方式吸引他们。

　　在进行培训方式创新的时候，不管采取什么培训方式，总是要着眼于实际工作需要，着力解决现实工作中存在的问题，着力满足于培训对象的需要。

4.2.2　继承创新

　　培训方式创新离不开继承，继承是创新的条件和基础，创新是继承的发展，没有继承也就没有创新。随着培训目标、任务、内容的发展变化，有些培训的方式方法就也显得过时，但是一定会有一些培训的方式方法在新的历史条件下，经过改进、充实和完善，能够与新的培训内容相融合，为新的培训项目和任务服务。如适应手工业（如景德镇的传统陶瓷业和铁匠铺）发展需要的师徒制，其特点是每个学徒都有明确的师傅，一般都有比较明确的培训内容和培训阶段的划分。师傅会告诉徒弟先学什么、后干什么，直到出师，并掌握这些技术和手艺，可以自己带徒弟为止。师徒制发展到今，有职工发展中使用的导师制。

　　继承传统的培训方式，是由培训方式的性质所决定的。一概否定、排斥传统的培训方式和方法，就会割裂培训方式发展的历史，丧失培训方式创新的基础和前提。实践证明，继承是行之有效的培训方式创新方法。但是培训方式不能仅仅停留在继承水平，还应在继承的基础上进行发展创新。如果只讲继承，不进行创新，在培训工作过程中一成不变地照搬老一套做法，就会故步自封，墨守成规，就会使培训工作失去生机和活力。

4.2.3　注重效果

　　工作实践中的问题是否解决、培训对象能力与水平是否提高以及工作态度是否有所转变和觉悟是否有提高，这些是衡量培训实施者所选择的培训方式是否恰当的重要标准。注重效果在根本上保障了培训目标的实现，保证培训方式创新的有效性也就成为衡量培训工作创新的关键环节。以效果的是否实用为标准来检验培训方式的创新，这样来做就是着眼于创新本质。要知道培训方式创新的实际效果，就必须增强培训方式的针对性。加强针对性是为了增加效果的可靠性，只有在培训设计中加强针对性，才能切实着眼于实际工作需要，解决现实工作中存在的问题，并满足培训对象的实际需要。

4.2.4　成本控制

在实际工作中，进行培训方式的创新还需要注意成本的控制，不同的培训方式对培训成本的要求有较大差异，这就使得培训方式的创新不能随便进行，要在经费预算的约束下进行取舍。因此，在进行培训设计的时候，就要策划好，需要在预算约束下，使用效果最好的培训方式，以达到培训目标，完成培训任务。

4.3　培训方式的理念及其在科研院所的实现

传统与现代，两种不同培训理念的碰撞，促进了新的培训方式的出现。不同的培训方式本质上无所谓好与坏，也没有对与错之分。它们只是在不同的时期，针对差异化的问题，在实践中给出的不同答案和路径。

4.3.1　传统与现代培训理念

与人员发展不同，培训的主要目的是使受训者适应业务及岗位需要，在知识、技能、态度上有所改变，并不断提升，使其更能胜任工作，以期担任更重要的职务。培训活动以培训理念为指导，通过一定的培训手段或方式来保证。

思路决定出路，思想决定高度，一个好的培训活动正是在培训思想和培训理念的指导下进行的。传统培训理念与现代培训理念的不同，从某种程度上要求我们创新培训方法，改变培训方式，适应时代发展的需要。

以课堂班级为特征的传统的、正式培训方式，是传统培训理念下的产物。传统培训需要培训人员集中脱产进行学习，这就要求一个好的培训活动应是以下几个方面的有效组合：科学的培训需求分析、可达到的培训目标、合理的培训内容、有口才的培训师、培训实施的有效性以及一系列行之有效的培训方法。

总体来看，传统培训有一些优点，比如：学员长时间培训，有利于掌握与理解内容；学员脱产培训，能够集中精力参与整个培训。但是，传统培训也有许多不足。在传统培训理念下，人们把培训看作是一种形而上的东西，强调课堂教育，重传授、轻学员参与；重内容，轻方法与手段；重理论，轻实践。课堂教育呆板，主要是填鸭式，以培训讲师唱独角戏为主要特点。教育内容更新慢、缺乏及时跟进等缺点。从传统培训理念来看，说教的成分居多，学习与工作相分离，学员积极性不高，难以形成主动的学习态度。

现代培训理念可以概括成一个宗旨就是"以人为本"，在此基础之上可以阐述为三点，即以受训者为主体，以问题为中心，采用多样化的学习方式。现代培训理念是与当代科学技术的发展相适应的一种培训观念，并以此为基础建立培训模式、机制和方式。

以受训者为主体是人本主义的基本原则，它要求尊重学习者，必须把受训者视为学习活动的主体。以受训者为主体还要在培训的组织实施中充分发挥受训者的积极性、主动性和创造性，培训讲师适时提供指导，让受训者积极参与，变被动接受为主动学习，变"要我学"为"我要学"，体验学习的快乐。培训效果的评价也主要是看受训者学到了什么，培训前后的行为有哪些改变，培训项目策划、培训过程实施以及培训过程服务的好坏都要从培训效果如何来进行反馈。

以问题为中心要求我们在组织受训者培训时，让受训者把问题带来，把经验带走。这里的问题可是能力素质、岗位差距、也可是工作中存在的实践问题。在策划培训时要以问题为中心来分析，要"对照现状——寻找差距——明确需求——确立主题"，围绕主题确定培训内容，从而让受训者来参与培训，在快乐和谐的氛围中找到并解决受训者实际工作中遇到的各种问题和困难，通过培训将受训者学到的知识转化为现实的工作能力。

采用多样化的学习方式。就要求培训方法多样化，多采用讨论、启发、分享等形式多样的培训方法帮助受训者认识自己，提高兴趣，要尊重受训者的个性，做到有针对性、系统性，充分调动学员学习的自觉性。培训内容多样化是指不但要学习知识，还要注重技能的培养；要注意运用启发式教学、讨论式教学、情景模拟、案例分析、现场考察等双向交流的现代教学模式，增强学员与培训讲师之间、学员与学员之间的互动和交流，增强教学的吸引力和教学效果。

现代培训理念还十分注重鼓励学员进行非正式的培训，非正式的培训对于专业技术人员来讲更为重要，如文献资料查阅和自我导向的学习等，这些在中国科学院的专业技术人员中更是得到了非常好的开展。在干中学，观察别人完成任务，在学中干，在使用中成才，这些更是现代培训理念的重要表征。

过去学员对培训的认知较被动，在培训现场"老师汗流浃背，学生呼呼大睡"，培训达不到预期效果。通过培训方式创新，改变参训者的认知，提升培训效果，增加了培训的有效性。由此可见，开展培训，核心是创新，目标是针对性和有效性。

4.3.2 科研院所的培训方式

科研院所相对于一般的组织，最大的特点是科研院所是一个学习型的组织，它会永不满足地提高它输出的产品和服务的质量，通过不断学习和创新来提高知识产出率。在培训实践中通过演练、角色扮演、情景模拟、小组讨论、头脑风暴、座谈会、讲座、分享等形式，使职工产生强烈共鸣，从而打开心灵之门，激发出无尽的热情和动力，以达到培训的最终目的。一些现代的培训方式，如体验式培训、轮岗式培训、导师式培训、网上培训、实地考察式培训、学术研讨、组合式培训和团组式培训都在中国科学院得到了较好的推广和应用。

1）体验式培训。根据业务工作需要向职工布置课题，为了完成课题，职工们必须进行学习，因此在完成课题的同时，职工也完成了一次业务培训。体验式培训重在设置模拟的体验环境，构建可以实现的任务和机构，帮助并引导参与者体验培训全过程。体验式培训本质上是一种情景教学，这种教学情境是知识获得、理解及应用的文化背景的缩影，它可以激发和促进受训者的认知活动和实践活动，还能提供丰富的学习素材，有效地改善教与学。从心理学的角度看，创设教学情境，其本质在于促使学生的学习活动呈现积极化的状态。现代学习心理学认为，学生的需要是学习积极性的主要动力，真正把"要我学"变为"我要学"。为使学生"需之切"，教师就得做到"胸有境，入境始与亲"（叶圣陶语）。

体验式培训是开展专业内容培训，力求解决单位技术研发、管理中面临的实际问题的一种培训模式。这种带着实际问题的学习方式，是一种更加直接有效的培训方式，是解决实际问题、突破专业人员培训瓶颈的有效形式。在这方面，中国科学院长春光学精密机械与物理研究所从2007 年起，对新入所职工开展为期半年的入所教育和岗前培训，其中历时 3 个月、以模拟工程项目研制全过程的体验式集中培训实效显著，最具特色。通过开展模拟体验式岗前集中脱产培训，使新入所科研人员在上岗前能够全面了解并掌握该研究所的项目研制流程和特点、科研协作方式，掌握项目研制任务书的编写、指标分配与下达、基本设计技能、项目管理与协调等，初步具备独立从事科研工作的能力。

2）轮岗式培训。轮岗式培训就是在部门之间或者部门内部轮换工作岗位以达到全面了解工作，并达到扩大工作内容的目的。这种培训方式适用于社会上的绝大多数机构。一般可以规定一两年内某些岗位可以轮换一次。轮岗式培训有利于职工全面了解工作，培训出全能性人才。轮岗式培训在中国科学院机关职能部门和各研究所有广泛的应用。如中国科学院机关干部若没有研究所工作经历者，被要求至少在研究所轮岗挂职半年。

3）导师式培训。传统上，这种培训是安排学习者一段时间内跟随培训讲师一起工作，观察培训讲师是如何工作的，并从中学到一些技术或技能。但是现在，并不要求学习者和培训讲师一起工作，培训讲师起到的是一种潜移默化的作用。学习者是培训讲师的徒弟，这就要求培训讲师必须有足够的、适合的技能传授给学习者，而且培训讲师还需要留下一定的时间来解决学习者工作中存在的问题，并随时回答学习者提出的各种问题；另一方面，培训讲师还要传授一些工作和生活中的常识，帮助学习者在组织中提升和发展。这种培训方式不仅锻炼了学习者的动手能力，还提高了他们的观察能力，增长了他们的学识。这种培训方式，在中国科学院许多单位也得到了应用，比较典型的是中国科学院计算技术研究所的"成长伙伴计划"，以此方式，该研究所培养了一批年轻的科技新星。

4）网上培训。职工在培训中经常面临的困难和障碍是：时间有限、地点受限、花费高、缺乏标准化和系统化、学习的有效性低以及学习方式的局限，而应运而生的 E-learning（电子学习系统）在这些方面具有其特有的优势。不论在任何时间及任何地点，通过一台联网的计算机就可以获得远程学习的机会，费用低廉，学习者可以自己掌控，选择适合自己的学习进度和学习风格。

利用电子网络对职工进行培训可以解决某些现实的问题，例如中国科学院计算机网络信息中心，新职工入所之后，就会在内部网上给他一个 E-learning 系统的账号，新职工上网后就会对整个中心的规章制度、组织文化等有一个比较全面的了解，除此之外，还按照培训流程将整个培训信息、培训内容经过有机整合后放在网上，供职工随时随地上网自学，与此同时还方便了管理人员进行管理。

5）实地考察培训。实地考察是职工培训中常见的一种形式。通常由培训机构组织职工到企业、革命教育基地等场所，通过倾听企业专家的经验介绍，接受革命主义教育，以此开阔他们的视野、拓展他们的思路、增长他们的见识，从而提高他们对现实问题的认识。同时，通过团体参观考察，为职工搭建了横向交流的平台，为今后产学研合作打下良好基础。中国科学院"百人计划"入选者国情院情学习研讨班及各研究所举办的国情考察都是实地考察培训的典型形式。

中国科学院定期组织"百人计划"入选者国情院情学习研讨班。"百人计划"入选者是根据知识创新工程科技布局和创新目标而引进的海外优秀人才。为使他们对国家科技布局、发展态势及中国科学院发展战略有全面深入的了解，人事教育局组织实施了"百人计划"入选者国情、院情交流与研讨，定位为促进入选者尽快转换角色，加速由优秀青年科技工作者成长为学术带头人的转变。

6）组合式培训。这种培训通常是一门课程由好几个部分组成，有讲座（一般是大课）、研讨会、小班辅导、实践，还有参加同一次培训班成员自发进行的小组会议。在大课上，专家会对知识点做概括性的讲述，提纲挈领。之后的小班辅导，不同的讲师会对大课上的内容作进一步讲述和阐述。而在实践和小组会议上，主要是对各个作业或实践项目的讨论和完成。中国科学院西安光机所的技能人员培训正是这种组合式培训的集中体现。

7）学术研讨。学术研讨是由学术研究团体，就某一学术主题，邀请特定人选在确定的时间和地点举办的学术活动。学术研讨或是一场讲座或报告会，或是一个学术会议，或是进行分主题研讨。通过学术研讨，专业技术人员在一起探讨问题，交流成果，激发思考，砥砺学术，从而达到了解最新科技进展，促进学术进步的目的。可以说，学术研讨是中国科学院的专业技术人员进行得最多的培训活动。

学术讨论会是唯一能接受无故缺席的一种会议。从表面上看，出席学术讨论会的原因是提交了一篇论文，或是要听取那些学术名声显赫的专家发言。而实际情况却是，多数人参加会议是为了与同行见面，彼此交流经验和看法。会议规模越大，人们越注重会见其他参会者。在此大会主席扮演的是次要角色。会议主席会选择有专业声誉的人担任，但他的只不过是一个名义上的领袖。普通会议的准则不适用于学术讨论会，因为会中的小会通常比大会本身具有更重要的意义。中国科学院上海生命科学研究院的相关培训就是学术研讨培训的集中体现。

8）成组配套。成组配套是指为培养和造就国际化人才、提高科技人才的创新能力和竞争力，结合大科学工程项目和重点科研项目急需的群体队伍培养的需要，以参与科研项目相关各类人员组成团组整体派出，赴国外高水平研究机构和大学进修、做访问学者。

针对"十二五"重大科学装置建设任务"北京先进光源关键技术预先研究"（BAPS）的需要，为确保光源建设的顺利开展以及后续线站的高效运行，在"十二五"期间针对 BAPS 建设和运行过程中需要解决的关键技术，中国科学院高能物理研究所选派同一项目不同专业的 5 名同志赴美国先进光源学习交流相应的先进技术，此次团队培训为北京先进光源建设打下了基础。北京先进光源的设计目标是建成为当前世界亮度最高的光源，对加速器、光束线和实验站都提出了极高的要求或挑战。

总之，通过创新培训方式，可以更好的开发人力资源，实现人力资本的增值，从而促进个人的成长，实现组织的目标。

培训方式的创新要遵循一定的规律和基本原则，此外，创新培训方式还需要了解培训方式理念的变迁，以及与之相辅相成的培训方式。

经过多年的实践中国科学院的各科研院所，形成了众多培训方式，它们表现为：体验式培训、轮岗式培训、导师式培训、网上培训、实地考察式培训、学术研讨、组合式培训和成组配套等，为开展富有成效的培训活动提供了宝贵的实践经验。

4.4　案例分析

4.4.1　案例 10

"成长导师"给力员工发展

中国科学院计算技术研究所（简称计算所），创建于 1956 年，是我国第一个专门从事计算机科学技术综合性研究的科研机构。计算所成功研制了我国第一台通用数字电子计算机，并成为我国高性能计算机的研发基地，我国自主研制的首枚通用 CPU 芯片也诞生在这里。

计算所在 2006 年为了培养青年人才，出台了"百星计划"。该计划是计算所实施以培养年轻新星为目标的人才培养计划，争取在"十一五"期间培养出约 100 位青年科研骨干。其目的是帮助新人起步，培养青年骨干人才，储备未来中坚力量。"百星"分为"学术百星"与"技术百星"，学术百星的评选范围为"36 岁以下，博士毕业 3 年内的业务骨干"，技术百星评选范围为"36 岁以下的具有硕士学位的业务骨干"。

为了促进入选"百星计划"的青年人才的快速成长，并根据每位入选者的意愿，计算所为入选者联系了所内德高望重、学术与科研皆精的老师作为其成长导师。经过实践，"百星计划"营造的创新人才培养环境，使得成长导师与学员逐步形成了良好的互动，为青年骨干人才在计算所成长、发展起到了很好的帮助作用。

计算所为各位百星选取成长导师的主要做法如下：

1）统筹规划，确定培养的目的与方向。计算所根据人才发展规划和百星计划的安排，结合研究所现有专业技术人员的基础素质和发展潜力，通过各部门推荐遴选，经过研究所所务会研究，综合确定人才培养的初步计划、人员范围、培养目标和方向。

2）确定导师和学员的匹配。这项工作由人力资源处根据个人的综合素质、管理能力、业务能力、个人专长等情况，分别确定了导师，初步决定是不同部门的实验室领导交叉作为不同专业技术人员的导师，每名导师最多带2~3名学员，形成梯状的人才结构。对学员资格的确定，采取两个结合，一是个人申请，二是本部门领导推荐，两者相结合，把学员的主动性和自愿性相结合，并经百星计划评选委员会经过初选、申请人答辩、评委讨论投票程序，确定最终入选学员名单。

3）确定培养方法、内容和课题。培养方法比较灵活多样，比如：工作生活的随时指导、定期沟通某个研究课题，以及参加各种所级培训以及百星同仁之间互相学习与交流等；对于培训的内容确定，主要由导师根据学员个人实际情况，选择相对应的培训内容，可以是专业技能上的，也可以是个人修养上的，通过导师结合个人研究经历的分享，达到学员提高发展的目的。

4）评估与优化。根据导师与学员达成的培养计划，研究所人力资源处定期进行回访、反馈，对于确实取得实际效果并在工作中表现出成绩的学员，人力资源处予以备案，并把学员的进步作为晋升的依据之一。针对培训中出现的问题，导师结合人力资源部共同进行调整，不断地改进、完善培训方法和内容，实现内部培训的优化和升级。

经过几年的实践，计算所实施员工内部成长导师制，促进了对青年科技骨干的培养，提升了他们的能力，促进了青年科技人才队伍建设。

1）方便培养，成就百星。成长导师制是在实践中教授，最重要的是成长导师制是研究所从内部培养人才，研究所在管理上具有很好的主动性。在导师的帮助和指导下，了解了百星的成长需求，并明确了他们当前遇到的困难并予以解决，帮助百星人才进行定位。通过百星计划拉近了领导和专业技术人员之间的距离，增强了凝聚力。百星人才通过交流和学习，从成长导师身上学习精神层面的经验，体会做人做事做学问的和谐之美，历练了自己发现问题的能力。

2）历练百星，提升关键能力。根据导师与学员达成的培养计划，历练了百星的各项能力，特别是通过导师的指导，提升了百星一些平常不注意的能力。对百星计划的入选者，经过大学、研究生、入所的层层选拔，"智力因素"（也就是"聪明"）应是不成问题的，这是成功的基础条件。在这个前提下，"非智力因素"往往起到决定性作用。对科研人员来说，"非智力因素"主要包括创新意识、谦虚、勤奋、团队精神和对机遇的把握。

3）激发交流，共同进步。通过"成长导师"制，搭建了一个计算所内骨干人才成长、发展的平台，百星入选者在成长导师的指导下不断进步，相互之间也经常交流，相互学习，完善了研究所学习型组织的建设。

（素材提供人：中国科学院计算技术研究所 吕晓洁）

案例小结　对于科研院所来说，智力资本是其核心竞争优势，人才的培养对研究所来讲是至关重要的，青年人才的培养一直是计算所人才培养的重要方面。如何培养一个人？对于已步入职业生涯的工作者，一味地给予经费支持而不考虑其他并非最优选择。对于青年科技者来说，更重要的是有一个"领路人"，在他们已经很优秀的职业生涯基础上，有一个更强有力的引导，手把手地帮助他们认清方向，少走弯路，这就形成了百星的成长导师制度。

计算所在为百星匹配成长导师时是经过充分权衡和匹配的。首先关注各自的兴趣领域，比如对产业化有兴趣的百星则优先配备负责产业化的所领导作为成长导师，同时关注百星本人以及导师的意向，必要时配备第二成长导师，使得他们获得更多的帮助。

培训主管部门在百星的培养工作中只起一个支撑和平台的作用，如何充分利用好导师资源，则取决于百星个人的主动性。在百星计划导师制取得成效之后，计算所将导师制拓展到全员能力培养的"阳光计划"，即覆盖全所员工的人才培养计划，为每一位员工也配备了"成长伙伴"，新员工的成长伙伴为本部门的老员工——带领他更快地融入工作并找到方向，老员工的成长伙伴为其他部门员工——促进其跨部门交流与成长，亦取得了良好的成效。

4.4.2 案例11

提高全员素质的 E-learning 系统

中国科学院计算机网络信息中心（简称"网络中心"）主要从事中国科学院信息化的持续建设、运行与服务，国家互联网基础资源的运行管理，以及先进网络与高端应用技术的研发等工作。

为加强新员工入职教育，网络中心每年举办一至两次新员工入职培训活动。但是，每年举行多次新员工入职培训也不现实，因为这意味着授课老师每年需要进行多次重复性讲解，培训的投入和管理工作量也会急剧增加，而且集中授课也无法完全解决工学矛盾问题。针对这一状况，为了简化繁琐的培训管理工作流程，提高效率，解决员工的工学矛盾，网络中心于 2007 年采用 E-learning 系统，并率先运用到新员工培训工作中。为适应科研院所环境下对培训工作的管理需求，网络中心从 2010 年起自主研发的 E-learning 系统面向培训管理人员和学员提供服务：面向培训管理人员提供培训全过程管理；面向学员，提供随时随地学习服务。实践表明，促进员工发展的 E-learning 系统应用模式（图 4-1）是利用信息化手段、提升培训效果的有益探索。

1）培训全过程管理信息化。网络中心的培训工作实行分级管理，培训管理工作分为所级培训（中心层面）和部门级培训（业务部门/实

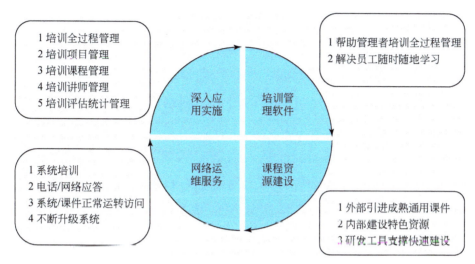

图 4-1　网络中心应用 E-learning 模式

验室/课题组层面）两个层级。所级培训着眼于全所共性培训需求，而部门级培训则着眼于团队业务能力建设。网络中心依据自身需求研发的 E-learning 系统，其管理员角色包括所级管理员和部门级别管理员，权限范围不同。作为管理员，通过 E-learning 系统，可进行培训工作的"需求–计划–实施–考试–评估–统计"全过程管理。

针对具体培训项目，依据不同的类别（包括线上、线下、混合），可实现培训项目"需求调研–发布培训日程–通知–安排课程–评估"整体工作的管理。所级培训与部门级培训管理还实现了互动。作为网络中心所级培训管理员，可以：发布所级培训计划；整合部门级别的共性培训需求，提升为所级，共享资源；查看各部门培训计划，及其执行情况；查看各部门课件建设情况；查看各部门培训需求；查看各部门培训统计情况。

2）员工随时随地学习。E-learning 系统支持以学员为核心的学习与培训：提交培训需求，填写需求调查，自主选学课件，参加管理员安排的培训（包括线上、线下、混合），报名参加培训班，进行考试，录入所外培训信息，以及查看个人培训档案。

E-learning 系统平台提供员工随时随地学习的功能，但必须上传课件资源，员工登陆平台后才能学习。网络中心建设课件资源的渠道有 3 个：①引进外部通用课件资源；②自行建设课件资源；③研发工具支撑快速内部知识分享。经过几年的摸索，网络中心不断加强内部课件资源建设。研究所不同于公司，其主要人员是科研人员，内部知识积累就更加重要。内部课程制作是人力资本的增值，它可以复制少数人的成功经验，能够避免重复劳动。网络中心自主研发出三分屏课件快捷录编工具。任何希望共享资源的人通过该软件和摄像头，即可一键式录制编辑三分屏课件，上传到平台共享。

3）新员工入职培训的应用。2009 年，网络中心在新员工培训工作上进行了创新，结合在线培训平台开展线上培训和线下培训相结合的系列新员工入职培训。2010 年度，针对网络中心培训管理的需求，网络中心自行研发在线培训平台，进一步完善了新员工入职培训。网络中心通过多年组织新员工入职培训的实践，摸索出了一套行之有效的培训方案，最大限度地发挥了新员工培训的作用。

网络中心将新员工培训常规性内容制作成多媒体课件放到在线培训平台，让员工进行自学。课程学习需要 1 周左右，具体内容包括：①《走进 CNIC》——帮助员工初步认识网络中心；②《休假考勤》——帮助员工了解网络中心关于日常考勤和休假的相关规定；③《薪酬福利》——帮助员工了解网络中心关于薪酬和福利的相关规定；④《ARP 网上报销用户操作》——帮助员工了解日常工作中 ARP 网上报销系统的操作流程；⑤《你在为谁工作》——帮助员工了解工作的重要性及其对个人的价值和意义，帮助其树立正确的工作态度；⑥《保密教育》——帮助员工树立保密意识；⑦《消防安全知识》——帮助员工了解消防和安全方面的常识。

线下培训为集中面授，共 2 天。中心领导介绍院史、网络中心发展史、组织架构、发展规划等，各业务部门领导介绍各部门主要业务，各职能部门领导介绍部门职能及办事流程，图书馆相关人员介绍图书资料借阅和查询流程，优秀员工分享工作感想等。

通过系统应用 E-learning 系统，结合线上线下两种途径，并在新员工入所培训中进行了典型性应用，网络中心培训取得了显著成效，主要体现在如下方面。

1）提高了管理效率。线下培训管理工作多，专职培训人员应接不暇，管理效率比较低。E-learning 培训系统发挥了其信息化的特点，减少培训管理者工作量，包括培训需求的确定、培训计划的制定、培训的实施和组织、培训过程的跟踪、培训档案的建立和培训的统计等。所有培训工作流程都可以在 E-learning 系统里面实现。同时，培训效果评估和监控也可以通过 E-learning 系统实现。

2）缓解工学矛盾。集中线下培训会占用员工较多工作时间，而E-learning可发挥其灵活性的特点，员工可根据自身特点，利用碎片时间随时随地开展学习。业务工作忙的时候少学，业务工作不忙的时候多学，甚至可以在休息时间学习，有效缓和工学矛盾。

3）提升培训时效。自引入 E-learning 培训系统以来，培训的时效性得到很大的提升。以新员工入职培训为例，原来经常是积累一定人数再集中培训，好多新员工都入职几个月了，才开始学习相关规章制度，现在是入职两星期内就开始线上培训，了解网络中心的各项规章制度，改变了原来滞后的状况。

4）积累内部资源。通过多年的培训工作，网络中心积累的培训课程一直希望可以通过内部知识管理固化留存。E-learning 培训系统兼具了培训管理平台功能，相关的培训资源制作成课件留存在 E-learning 培训系统中，可供所有员工随时查阅、学习并下载。网络中心共积累网络课件已逾 400 个。

5）降低培训成本。对于许多通用类的培训课程，经常需要重复使用，同一内容课程重复培训多，组织成本较高。这时，通过把线下课程制作为线上课程，一次制作无限次使用，减少了重复培训的费用，可大大降低培训成本。

（素材提供人：中国科学院计算机网络信息中心 佟钊、赵以霞、张晔、于雅楠、王思思）

案例小结 网络中心从 2010 年开始建设 E-learning（在线培训）系统，并多次参加培训业界的交流会，与行业领跑者 ASTD（美国培训与发展协会）及标杆应用案例对照，网络平台日益完善，经过几年的探索与实践，发现这种培训方式创新是有效的。

网络中心的培训是混合式培训，是继承性创新，便于实施落地。突破或者创新一般分为两种，一种是从无到有的颠覆型创新、一种是从优秀到卓越的整合型创新，网络中心走的是后一条思路，即在原有培训工作（以集中面授课堂培训为主）基础上，引进新技术（E-learning），整合原有经验和资源，形成新的培训方式（混合式培训）。采用线上与线下相结合的培训方式，实施多年的线下面授培训的积累不会被扔进故纸堆，而可以继续保留发挥优势，引进在线培训方式，为原有培训项目注入了活力，产生了新的效益。

4.4.3 案例 12

更新光机装配技能的组合式培训

中国科学院西安光学精密机械研究所（简称"西光所"）的光机装配组承担着科研产品研制的关键环节，直接关系到技术指标的落实。但是，在近几年的发展中，新入职员工岗位技能急需提高、原有人员技术理论水平落伍的问题同时显现，构建技术经验传承与技术更新的岗位技能培训体系，成为刻不容缓的要求。为了在上述问题上有所突破，光机装配组在研究所相关部门的配合下，系统地进行了研究，并进行了全面地策划，制订了相应的培训计划，为更新人员技能，打下了良好的基础。具体做法为：

1）制订培训计划。为了使得光机装配组的技能培训有实效，研究所邀请西安地区业内专家，组织研讨会，对培训内容设计进行讨论，并按照会议结果，制订培训计划。

2）培训内容的组织与编写。针对光机装配的特殊性，没有现成的培训教材，研究所组织所内经验丰富的研究员，针对我所现状进行培训内容的具体组织，在此基础上编写了适合现有技能人员学习的《基础光学》《光学测量》《光学冷加工》《光学定心加工手册》等；同时结合科研任务，编写了《光学元件入所验证管理办法》《机械元件入所验证管理办法》《装配工艺文件管理要求》《光学元件表面疵病验证规范》等大量工艺规程，为培训的实施提供了系统完善的内容。

3）实施组合式培训。围绕光机装配以及新设备仪器使用类的岗位技能培训是每一年度部门培训中必不可少的一个项目。它既可使新进职工能够快速从校园课本知识过渡至实际操作，也保证了在科研体量逐年扩大状况下现有技能队伍水平的共同进步和提高。自 2007 年开始执行部门《光学仪器装校技术职业技能系列培训》，现已实施九期，实行内外培训师相结合。既有外聘高级技工、高级工程师，也有所内返聘研究员等装配经验丰富的老一辈科技工作者，也有部门内部刚刚成长起来的技术骨干。每期在保证基础操作技能培训的基础上，有所侧重。

内训师在组合式培训过程中发挥了越来越大的作用。他们对装调、检测常用的光学自准直经纬仪、测微望远镜、自准直仪、工具显微镜的使用方法、数据处理方法、测量误差分析等编制了教学幻灯片，并将场地搬入装调现场，现场演示和指正。

4）邀请外国专家来所培训。为了解先进光学检测仪器设备原理及使用方法的培训。2008 年 6 月，邀请法国 HASSO 公司的技术专家来所讲学，对哈特曼波前传感器的原理及特点进行了详细介绍和培训，同时邀请到兄弟院所的技术人员，大家对实际使用中涉及的方法、技术特点等进行了分析和介绍。此次培训产生了深远的影响，参加"神光Ⅲ"项目的装调技术人员配合设计人员引进了哈特曼测量系统后，不仅大大提高了检测精确程度和工程效率，更有价值的是，接受培训后的技术人员仔细分析了哈特曼原理后，提出了自己的设计思路，经过反复的试验，于2011年自行设计了一台与哈特曼传感器类似的传感器，达到了国外产品的技术性能，以较高的性价比为后续科研任务提供了必要的技术保障。

5）参与国内外各种研讨会和高级研讨班。为了使光学仪器装校技术培训能够与时俱进，紧跟行业发展要求，系统工程部也不断派出技术人才参与国内各种研讨会和高级研讨班。每年保持几十人次的参会参训记录，参加了诸如国际先进光学制造与检测学术会议、慕尼黑上海光电博览会技术培训、英国 Taylor Hobson 公司技术培训。

6）科研项目技术方案评审会。西光所对常年进行的科研项目技术方案评审会进行开放，该平台也成为实验技术人员提高技术水平、了解相关专业的良好培训机会。此类评审，涉及多学科内容与最新方案的应用设计，与岗位技能贴合紧密，技术指标明确，是年轻人深入科研工作、提高个人水平的实践平台。

7）设立学术研讨基金。根据系统工程部战略规划需要，由部门出资20万元作为学术研讨基金，用于部门新技术、新工艺、新方法的理论和应用研究，设立系统工程部学术研究基金。活动开展以来，年轻技术人员报名踊跃，经技术专家对提交的课题申报书进行评议，根据课题申报指南要求，现已有9名技术人员根据岗位实践，提出了包括离轴三反光学系统装调工艺与方法、非球面反射镜双心定轴法在内的研讨内容已中选并展开技术攻关和课题研讨，研讨进度以季度例会的形式在部门内部做现场报告。

8）成立学习兴趣小组。根据"创新2020"规划的总体要求，为尽快提高部门装校技术能力，为研究室创新项目提供有力技术支持，组建了"现代装校学习小组"，主要学习现代光学装校技术，进行专业文章、文献资料的周期讨论，并将研讨和小组学习的内容以内部学报的形式定期刊发。

经过系列培训，在技术实践中，系统工程部承担的国家重大航天、军工科研项目中，年轻技术骨干开始成为主角。他们独立自主地提出来某航天遥感器大口径光学主镜高精度面形保持方法，提出了工程实用的、基于在地面光学装调阶段调整技术保持和优化大口径光学主镜面形的工艺方法；在装调实践中，通过对大镜面进行力学有限元分析和调整控制的方法获得了某航天光学遥感器大口径非球面主反射镜的优良面形精度；通过对典型的光学工具辅助安装调整技术进行了梳理和总结，提出了用于航天光学成像遥感器的一些新型光学工具辅助安装调整技术；将光学全系统或子系统的计算机辅助装调技术原理，应用于某航天光学成像遥感器的精确装调集成实践，使光学成像遥感器达到了优异成像质量，为我国航天遥感重大科研任务的成功完成起到了重要作用。受训的科技人员还在《中国激光》《光学学报》等高级别学术期刊上佳作频出，申请发明专利、授权发明专利、授权实用新型专利多项。

（素材提供人：中国科学院西安光学精密机械研究所　殷凤妍）

案例小结　在科研任务进度紧张、年轻人亟待成长、技术队伍水平需要整体提升的时候，岗位技能类的培训工作不仅需要领导的重视和系统的策划，而且要有因地制宜、因势利导的培训形式和行之有效的评估监督机制，才能真正发挥应有的重要作用。

培训与科研任务进度并非非此即彼的关系。两者的有效结合、相互融合，才能使得岗位技能类培训与科研任务的圆满实现花开并蒂。

4.4.4　案例 13

面向青年科技创新人才的特色讲座体系

中国科学院上海生命科学研究院（简称上海生科院）自 1999 年组

建以来，始终把青年科技人才的培养放在至关重要的位置，积极探索和构建适应生命科学创新体系的培训体系。2008年，上海生科院与上海生命科学信息中心组织软课题调研组，选取美国Salk、Burnham、Scripps、德国马普生命科学学会相关研究机构作为参照系，研究这些国际一流研究机构在青年人才支持和培养以及培训等方面的做法，汲取他们的经验，形成调研报告，为实施青年人才培训计划奠定了基础。

之后，上海生科院启动和实施了为期5年的"青年人才知国情、熟院情、明人生、爱科研"的培训计划，形成了爱护青年、关心青年和鼓励青年成才、支持青年干事业的良好氛围。重点围绕教育和引导青年人才牢固树立为祖国、为人民、为民族真诚奉献的人生理想，培养他们唯实求真、勇于探索的科学精神；锻造青年人才在科学研究中踏踏实实、潜心钻研、不浮躁、不懈怠、不追求名利的"敢为天下先"的创新激情，培养他们创新为民的社会责任感。

上海生科院青年人才培训课程特色在于：从科技创新对青年人才队伍的能力需求出发，坚持学习与实践、培养与使用的结合，着力培养创新能力，有效激发创新活力。2008年以来，青年人才培训班以师资力量雄厚、培训内容多样化、培训方式多元化为特色，受到了广大学员的热情参与和一致好评。

上海生科院借鉴研究生"Bio2000"精品教育成功经验，从国内外聘请"两院院士""千人计划"等活跃在科学前沿的优秀科学家，引入实验、案例、讨论和质疑、互动交流等教学方式，请来"越洋讲师团"，将国际一流科研机构青年人才培养经验在上海生科院进行传承。

在课程设置上，内容涵盖专业技术领域及青年科技人员的心理成长、思考方式、培养合作理念，学习以及科研人生规划，产业技术与专利法相关知识等方面，通过互动式讲授模式，进一步培育了青年人才科学兴趣，明确了奋斗方向。2009～2011年主要培训内容如表4-1所示。

表4-1　上海生科院 2009～2011 年主要培训内容

序号	内　容		讲　师
2009-1	如何规划科研生涯以及转基因动物模型在特异性疾病研究中应用		美国 Emory 大学医学院杰出华人科学家李晓江教授
2009-2	科技论文写作与期刊编辑介绍		Cell Research 常务副主编李党生研究员
2009-3	如何在科研生活的早期起步		神经科学研究所所长罗振革研究员
2009-4	知识产权保护		知识产权与产业化中心主任纵刚研究员
2009-5	中国科学院人才工作介绍及人才政策解读		中国科学院人事教育局人才处处长唐裕华
2009-6	药物创新与制药行业的发展及现状		上海药物所沈竞康研究员
2010-1	建设产业技术支撑平台，打通研发价值链		中国科学院合成生物学重点实验室杨晟研究员
2010-2	青年科技者的人生规划		美国科学院院士神经所所长蒲慕明研究员
2010-3	专利法相关知识与申请专利流程		赛诺菲-安万特制药集团专利律师林江
2010-4	科学研究中的一点体会		中央"千人计划"健康所所长时玉舫研究员
2010-5	GE 公司中国研发中心参观学习		GE 医疗集团俞丽华经理
2011-1	心理和谐与成长之道		心理学应用课程资深培训师吴彪
2011-2	高通量筛选技术在蛋白质组学、生物信息学、药物筛选等研究中的应 1 用系列讲座	基于分子水平的药物筛选技术介绍	药物所李静雅研究员
		高通量筛选技术在复杂疾病研究中的应用	药物所贺光研究员
		NGS's Data Analysis Challenge: a Chance for Bio-IT	中国科学院系统生物学重点实验室丁国徽副研究员
		Mass spectrometry-based proteomics involved in biology study	中国科学院系统生物学重点实验室李辰副研究员
2011-3	葛兰素史克（GSK）参观学习		GSK 中国研发中心副总裁鲁白教授
2011-4	学会敏锐的思考		中国科学院院士、神经所郭爱克研究员
2011-5	Access Platform: a new way of partnering		赛诺菲-安万特制药集团发展部负责人 Carole Fages 博士
2011-6	罗氏公司参观学习		罗氏集团公司研发副总监黄志贤博士

在培训模式上，采取请进来、走出去的模式。一方面通过赛诺菲-安万特公司、辉瑞公司、联合利华、GSK 公司、宝钢集团、上海科华公司、生物芯片中心、生物信息中心等企业的合作，邀请企业讲师团走进青年人才培训课程，这些企业讲师团讲课不同于内部讲师，更多地侧重于产学研相结合，鼓励博士后关注上海市重点产业领域的发展，关心行业中事关民生的科研发展方向，从而更好地以科技造福人民。另一方面组织青年人才从课堂走进企业，让青年科技人员有机会走进企业，了解企业的文化与发展，创造他们与企业职工交流的机会，为他们的工作提供有益的参考。

迄今为止，共举办了 17 期青年人才培训课程，每期参加人数达 200 人。这些培训课程，使得青年人才开阔了视野，掌握了新的技术和方法，了解的社会需求，提升了职业竞争力，使得他们逐渐从研究助理向独立思考、潜心研究的科研工作者转变。

（素材提供人：中国科学院上海生命科学研究院 汪为军、丁岚）

案例小结 青年人才培养是一项系统工程，应常抓不懈。从上海生科院青年人才培训体系探索历程来看，青年人才培训计划之所以能够达到预期效果，关键在于"措施到位，保障效果"，具体来讲，有以下四点。

第一，在工作机制上，上海生科院人事教育处特设 1 名专职和 2 名兼职培训岗位，负责青年人才培训项目的统筹设计和过程管理。与此同时，在制度层面保障职工培训工作，同时，创新管理思路和方法，制定了《中国科学院上海生命科学研究院青年人才培训管理条例》，实现了所级青年科技人员培训工作的"分类实施"，并将青年人才接受培训纳入年度考核内容，建立了有效的青年人才培训工作机制。

第二，在管理组织上，上海生科院成立青年科学家联谊会，联谊会是由青年科技人才按自愿原则结成的公益性、学术性和非营利性的群众性团体。上海生科院在上海生命科学信息中心设立固定活动场所，并在年度预算中安排专项经费，为青年人才开展自由学术论坛、加强交流创造条件。迄今为止，依托青年科学家联谊会邀请海内外专家，围绕生命科学前沿与生物技术领域相关专题共组织了 24 场 "Topic Night"。

第三，在经费支持上，除培训工作所需日常活动经费外，上海生科院专门设立青年人才领域前沿专项，一方面通过人才项目培育他们并检验培训效果，另一方面鼓励青年人才围绕个人兴趣开展自由探索，激发他们的奇思妙想。2008 年以来，上海生科院共投入 2500 万元青年人才领域前沿专项，择优支持了 120 余位具有博士学位的青年人才实施自主创新。

第四，在人才奖励上，上海生科院与全球知名制药集团赛诺菲-安万特公司共同设立 SA-SIBS 优秀青年人才奖励基金，每年择优奖励 15 名左右 40 岁以下具有博士学位的青年人才，奖励基金为他们提供了良好的个人平台，为他们潜心致研改善了生活条件；同时为鼓励和吸引更多博士毕业生到上海生科院从事科学研究，扩大青年人才队伍，优化创新人才结构，培养青年后备人才起到了促进作用。

总之，青年人才培养是科技创新持续和健康发展的关键所在，不仅要给青年人才创造稳定发展和学术自由的生态环境；更为重要的是围绕科技创新发展目标，打破"玻璃天花板"，让青年人才看到学术生涯通道。

4.4.5　案例 14

持续提升中层管理者领导力的"四个一"培训模式

中国科学院生物物理研究所（简称生物物理所）以能力建设为核心，以解决实际工作中的突出问题为重点，以提高培训效率和改善培训效果为主线，不断改进培训方式，加大中层管理干部培训力度。2008 年以前，研究所针对中层管理干部新招聘和提拔较多的实际，将培训工作重点放在熟悉院所情和掌握管理实务上。主要形式是集中安排 1~2 天培训，请院所有关领导和院校相关专业老师做几个报告。这样的培训持续了多年，能请到的领导、老师都请到了，大家对培训效果没什么印象，也没有感受到对实际工作的促进，甚至有人还觉得这是在繁忙的工作中难得的休闲和聚会。培训成本不少，但是受训者收获不大。

如何改善？2008 年开始，生物物理所针对中层管理干部的能力需求，从培训形式到内容逐步进行了新的尝试，探索并完善了"四个一"的培训模式，即一个主题，一本书，一堂课，一个培训结果。

研究所根据年终考核情况确定"一个主题"，聘请一位管理教授作为这个主题的培训指导老师，年初请这位老师推荐"一本理论书籍"，发给每位受训人员，大家先行自学和专题研究。年中，研究所组织集中培训，由培训老师讲授"一堂课"，全面解答大家自学中遇到的问题。集中培训后受训对象完成规定的"培训结果"，培训结果可以是多种形式：一篇研究论文、针对性的调查报告，或者是软课题研究成果。同时，培训中强调"复盘"理念，即每年培训结束后，项目组成员一起总结经验教训，分享心得体会，共同进步提高。

围绕"四个一"的培训模式，2008~2010 年连续进行了中层干部培训。

2008 年，以"管理流程再造"为主题，按"四个一"模式对管理干部进行了培训，希望通过这次培训，打破部门职能分割的条块管理，逐步优化模式，实现流程管理，减少沟通环节、提高工作效率，为研究所机制改革奠定基础。

培训分 3 个阶段进行，首先，研究所组织召开了培训布置动员会，将《如何进行流程设计与再造》（石惠波编著）作为培训教材发放，开始了培训的教材自学阶段。其次，研究所特约中国科学院研究生院管理学院副院长吕本富教授为培训指导老师，给中层干部专题讲授了"流程管理和流程再造"，从学术理论的角度介绍了流程的概念和原理、核心流程的确立与优化，以及业务流程重组的相关理论和实际应用的注意事项。同时，所领导结合流程再造主题和院所实际，具体分析指出了研究所进行流程再造的必要性和迫切性，提出研究所必须从职能管理走向流程管理。各部门负责人还对症下药，从本部门实际出发提出自己的看法和见解。根据中层干部培训计划安排，最后，是论文撰写，研究所要求管理、支撑部门正副职均需围绕本职工作、结合培训主题提交论文，并将此纳入干部考核内容。"管理流程再造"主题培训有效地促进了研究所管理水平提升，作为培训成果，不仅印发了《流程管理专题论文集》，而且还在此后的两年中，持续深化主题培训内容，全面梳理、规范了管理部门职能与岗位职责、工作流程和规章制度，印发了《管理和学术支撑部门工作说明书》《管理支撑部门工作流程图》和《研究所制度汇编》等规范文件。

2009 年，研究所"四个一"培训的主题是"提升战略执行力"，培训教材是《战略地图——化无形资产为有形资产》（罗伯特.卡普兰等著），邀请中国科学院研究生院霍国庆教授为培训指导老师，集中培训阶段霍国庆教授为中层干部做了"科研组织的战略执行力"专题报告，培训结果是开展管理软课题研究，将中层管理干部培训深入到各管理职能方面的最前沿领域。经部门申报和专家组评审，研究所确定了"问责制与执行力的关系研究""研究所人才成本管控方法初探""生命科学仪器技术创新领域面临的问题初探""科技活动的组织模式与运行机制""实施国际化发展战略，建设国际一流研究所"等 5 个项目，给予了专项经费资助。经过近一年的项目研究，2010 年 7 月 10 日至 11 日，研究所召开了"管理部门软课题研究与创新 2020 规划研讨会"，对批准的各软课题项目进行了结题验收。所领导、中层管理干部及参与软课题研究的管理人员参加了本次研讨会。会议听取了各软课题负责人的项目研究进展汇报，并结合"创新 2020"、研究所"十二五"规划，与会人员就各研究项目内容进行了充分研讨。

2010 年，研究所培训工作安排既考虑了研究所近年来能力提升主题的持续，更注重于强化面向"创新 2020"的观念更新和精神提振，培训以"创新 2020"规划研究为主题，采用了更加灵活的学习调研方式，"走出去，请进来"，2010 年 8 月 11 日至 13 日，利用暑期轮休时间，由所长、书记带队到长春光机所、应化所实地学习调研，双方就管理以及"创新 2020"的发展设想等进行了广泛交流，在实地学习的过程中，中层干部在管理机制创新与理念学习等方面，受到深刻启发，获得宝贵经验。理论学习与调研实践相结合，自我学习与专业培训相结合，实际应用与成果考核相结合，2010 年研究所在贯彻"四个一"培训模式上，不论广度还是深度，都有了进一步的拓展。

通过贯彻"四个一"培训模式，经过不断的探索和创新，"四个一"培训模式已成为生物物理所中层管理干部的主要培训形式，初步形成了自成系统、别具特色、效果鲜明的培训品牌，在提升综合管理水平，建设职业化管理队伍方面发挥了重要作用。纸上得来终觉浅，欲知此事须躬行。通过实践—理论—实践的反刍与深化的过程，通过更加合理优化的管理培训，研究所管理队伍素质与能力不断提升，中层管理干部互助互学蔚然成风，一个有执行力、学习力和创新力的中层干部队伍，在研究所工作中也发挥着越来越重要的作用。

（素材提供人：中国科学院生物物理研究所 宋琦）

案例小结 "四个一"培训模式的显著特点是知行合一，学研结合。一是注重围绕研究所现实管理工作的突出问题来确定年度培训主题，使每位管理干部感同身受，积极主动的去研究和思考；二是通过有效计划和组织，启动管理干部更多的业余时间自学，提高培训工作的效率；三是强调培训成果须是针对管理重点和难点，以论文或软课题形式产出解决方案，督促和引导参训者针对主题结合本职工作做更深层面的思考与研究，强化培训效果。

4.4.6 案例15

帮助青年科研人才成长的"三二一"助理研究员培训

青年人才是人才队伍的重要组成部分，重视培养青年人才是保持科研院所科技创新活力、提升核心竞争力和实现可持续发展的基础。为了更好地帮助青年科研人员融入科研团队，掌握科学研究的内在规律，提升青年科研人员的综合能力，实现自我发展和组织发展的有机结合，中国科学院生态环境研究中心（简称生态中心）一直以来十分重视助理研究员的继续教育和培训开发。实验室作为科研院所的基础科研单元，是具有相似学科背景和研究方向研究组的集合，以实验室为单元组织助理研究员培训具有针对性强、实效性强和可操作性强等特点，因此从人才培养的角度依托实验室开展助理研究员培训是生态中心青年科研人员培训的主要形式。

环境水质学国家重点实验室是生态中心3个国家重点实验室之一，其研究领域是生态中心"一三五"规划中3个重要发展方向之一。随着中国科学院科技创新的不断深入，实验室的科研工作发展迅速，固定人员已经增长到将近100人，然而青年科研人员在成长中却遇到了很多问题。首先，助理研究员尤其是刚刚参加工作的新职工面临着全新的工作环境和工作任务，很多实际工作中遇到的问题和困惑得不到系统的解答，常常感到"找不到组织"。而以课题组为基础研究单元的科研组织结构又限制了科研人员与研究组外其他人员的沟通和合作，"各自为战"现象十分突出。其次，一部分参加工作不久的助理研究员由于缺乏对学科发展的总体认识，今后的发展方向和科研思路不是很清楚，定位不够准确；一些工作时间较长的助理研究员则出现了科研热情降低和创新动力不足等问题，同时他们还面临着个人科研兴趣与研究组发展要求如何协调的困惑。

为了解决青年科研人员成长中遇到的问题，帮助其健康成长，环境水质学国家重点实验室集合全室的人才资源、知识资源和组织资源，开展了以"三二一"助理研究员培训，即培训内容"三个层面"，培训形式"两个结合"和培训特点"一个小组"。

培训内容包括政策、专业和技术3个层面。政策层面培训包括由生态中心领导为助理研究员讲解中心历史沿革和发展现状；由机关各处室负责人介绍中心人才队伍建设和科技项目等相关情况；由实验室领导介绍实验室发展历程、研究方向、发展战略和团队协作精神。专业层面培训由院士介绍环境水质学的内涵及其在国内外的发展轨迹；由从国外引进的"百人计划"研究员讲解国际学术发展前沿，以及中外人才培养存在的差距等内容；由经验丰富的研究员为助理研究员讲解科研基本方法和规律，科研体会与追求，科技项目与个人成长的关系和意义；同时还邀请副研究员代表谈个人成长历程和感受以及科研工作心得和经验介绍。技术层面培训则由实验室的研究员为助理研究员介绍 SCI 论文的写作技巧；如何开展国际合作和注意事项以及科技项目预算编写的要求与注意事项等与实际工作息息相关的工作方法和技巧。通过 3 个层面的讲授和介绍，使助理研究员对生态中心、实验室和学科发展有一个全面和整体的认识，有助于定位科研方向，明确工作重点，提高助理研究员的综合能力，解答年轻人在实际工作中遇到的问题。

培训形式注重讲授和讨论相结合，汇报和项目相结合。除了由领导、院士和研究员为助理研究员讲授课程之外，还开展分组自由讨论，工作、生活中的各类话题都可以作为讨论的主题，相互提问和解答的过程就是发现问题和解决问题的过程。培训当中，当年新入职的助理研究员介绍自己的研究背景和以往工作内容，设计今后的科研方向和工作计划，由实验室研究员提出意见和建议，帮助其改进工作计划，设定正确的发展方向。在职工作 1 年以上的助理研究员汇报自己 1 年中的工作和成绩，由专家评委根据助理研究员科研成绩和工作设想，依托国家重点实验室自由探索项目，确定项目资助人员和课题组，鼓励助理研究员大胆探索和创新，不要求有详尽的工作计划，只要有创新的想法，就给予支持，实现了工作汇报和自由探索项目的结合。

实验室鼓励青年科研人员放开手脚、摆脱束缚地开展原始创新。号召来自不同课题组具有不同研究背景和研究方向的青年科研人员组成青年创新小组，由一名副研究员牵头，提出科研设想和工作计划。通过专家评审委员会评审后，实验室给予经费支持，并委派在该方向具有丰富研究经验的研究员作为创新小组指导员，协助和指导创新小组完成交叉合作创新任务，真正实现了青年科研人员的交流与合作，在自由创新的基础上，把握了学科发展大方向，同时锻炼了青年科研人员的团队意识。

通过几年的摸索，环境水质学国家重点实验室"三二一"助理研究员培训已经形成一套完整的体系，解决了青年科研人员成长道路上遇到的实际问题，指明了发展方向，激发了创新热情，凝聚了团队力量，营造了创新氛围。实验室培养出了很多获得中央组织青年拔尖人才、"卢嘉锡青年人才奖"和中国科学院创新促进会会员等国家和中国科学院各类奖项的青年人才，更重要的是形成了合理的人才队伍结构，提升了个人和组织的核心竞争力，为实验室和中心的可继续发展提供了强有力的人才支持，也为其他实验室的继续教育与培训工作提供了宝贵经验。

（素材提供人：中国科学院生态环境研究中心 郑晓翾）

案例小结 该案例的特色在于实验室从人才培养的角度进行了相应的培训，而实验室是科研院所最基本的科研单元。环境水质学国家重点实验室"三二一"助理研究员培训的主要特点是以基础科研单元为载体，从人才培养的角度因地制宜、因材施教地开展培训工作。根据青年人才成长路上遇到的实际问题，发挥实验室的团队力量，为助理研究员提供解决方案，指明发展方向，提升科技创新能力，培养综合能力，增强团队合作精神，鼓励原始创新，为青年科技人才快速、稳健的成长奠定了基础。

参 考 文 献

程永德.2005.创新税务教育培训方式方法探讨.扬州大学税务学院学报，10（1）：75-77

丁辉，任建华.2012.国外非正式培训理念及其启示.重庆科技学院学报（社会科学版），4：
  180-182

黄雅丽.2008.关于团干部教育培训教学方式创新的几点思考.中国青年政治学院学报，1：
  26-28

蓝春锋.2009.创新培训方式，提升培训效能.人才资源开发，1：106

孙晓雷，牛金成.2010.现代成人培训理念与培训质量.中国成人教育，18：30-31

王淑芬.2012-3-20.基于反思性办学实践的校长培训理念与策略.教学与管理，13-14

徐春夏，李莉.2007."干部教育培训教学方式创新研讨会"综述.中国浦东干部学院学报，1
  （1）：129-131

第五章　培训资源开发利用

培训资源，是指社会或组织专门投入人、财、物力和信息等用于培训教育的资源，诸如培训经费、师资队伍、施教机构、教材与设施设备、网络服务系统等。随着互联网和计算机辅助教学技术的不断成熟，学习型社会理念的深入人心，培训资源理念有了更加深刻的拓展，不仅包括单位内部的培训资源，而且包括单位外部的资源；不仅包括传统的课堂与课程式的培训资源，而且现代教育技术与互联网也纳入了培训资源的范畴。

5.1　培训资源分类

对培训资源的分类认识，是为了准确认识资源的特点，明确各类资源的优劣，识别关键资源，有助于我们结合科研院所的实际需要，更好地统筹规划、优化配置和开发利用培训资源。

按资源形状可以分为有形培训资源，无形培训资源。有形培训资源是指能够用价值指标或货币指标直接衡量的，具有实物形态，并可以说明其数量的资源，包括场地、校舍、师资队伍、教学设施、仪器设备、图书资料等物力、人力、财力资源；无形培训资源是指在培训中可资利用的、没有具体实物形态和稳定存在形式、需要依附于有形资源而存在的一类特殊资源。包括培训模式、教学风格、师资水平、规章制度、培训特色、培训声誉、文化环境等。

按资源归属可以分为内部培训资源,外部培训资源(刘利众,2004)。内部培训资源是指在培训中通过内部渠道可以取得并加以利用的资源,这类资源的特点是易得、成本较低、针对性强,但一般会有一定的局限性;外部培训资源是在培训中自身不具有竞争优势或难以取得的资源,这些资源的数量较多、范围较大、可选择性强,但成本较高。单位的培训资源既不能大而全,也不能一无所有。内外之分是权属之分,这样区分的意义是针对自身广泛对象的核心的培训内容以建立内部保障资源,一般需求,少量需求,非本单位专业领域的需求,则借助外部资源。内部资源也要外化应用。

按资源性质可以分为人力资源和物力资源。培训的人力资源泛指所有从事与培训有关工作的职工(包括培训讲师,组织管理职工和后勤保障职工)以及受训者。培训师资主要来源于科研机构(包括自身和相关领域的其他同类机构)、高校和培训机构。一般都是知识水平高、高学历、高职称的"三高"人员;在自身研究领域颇有建树或能力突出的专家;同时,有较强烈的追求自我价值实现的愿望。培训的物力资源是用于培训的各种物质资料和可供使用的经费的总称,是开展培训所必不可少的物质技术条件,也是做好培训的物质基础。物质资源主要来源于科研院所本身。培训经费既包括单位(部门)的支出,也包括职工个人自筹的费用。

按资源载体可以分为线下资源和线上资源。线下资源是传统常规培训中所涉及的资源。优势是资源较为丰富,且互动性强,缺点则是覆盖面相对较窄,成本较高;线上资源是适用于当前信息时代,借助互联网和先进的信息技术手段的数字化资源。优势是覆盖面广,可以随时随地学习,缺点是资源积累较少,缺乏互动。

　　按资源介质可以分为文本、课件、视频、图画、程序（软件）、声音等。现代培训都是根据需要，将上述各类培训资源加以整合利用，克服单一培训资源的局限性。

　　按资源目的可以分为充实性培训资源和储备性培训资源。充实性培训资源是帮助职工提升岗位胜任能力，满足当前和一定时间段内任务需要的培训资源，如补充基本专业知识、管理知识和通用技能类的资源。储备性培训资源是提高职工综合素质，满足他们未来发展需求的培训资源，如提高职业发展技能、促进能力提升类的资源。上述资源都是根据不同的培训需求和目标，在培训项目设计和开发中予以选用。

5.2　关键培训资源

　　对于科研院所来说，师资和课程是核心，教材和设备是支撑，信息系统和经费是保障，人力资源与信息资源的整合对培训资源具有十分重要的作用。由于培训资源的范围比较广泛，对科研院所资源开发利用而言，需重点关注的关键培训资源是培训师资、培训课程和培训信息系统。

5.2.1　培训师资

　　培训师资是培训体系的重要组成之一。内训讲师和外聘培训讲师是培训师资的两种主要构成方式。科研院所可结合自身需要和优势，充分挖掘内外部培训讲师资源，开展形式多样，各具特色的培训项目。

　　重用由学科领域专家组成的内部培训师。聘请授课经验丰富的本单位研究生导师和工作阅历深厚的研究员为职工培训，重点开办针对性强、需求性高的专业知识讲座与辅导。同时，应发挥退休返聘研究人员的余热，利用他们经验丰富、时间充裕的特长，有针对性地开发老一辈科学家的智力资源，培养年青一代科技工作者。

中国科学院的许多研究所在培训组织过程中，都曾遇到培训讲师缺乏的问题。研究所在培训中虽然高薪聘请了高校或培训公司的知名讲师，但是因为讲师不了解研究所实际情况，很难将理论知识与实际需求结合，往往达不到预期的培训效果。近几年，中国科学院的研究所开始逐步重视内训讲师的培养，逐渐在培训过程中遴选和培养自己的讲师团队，形成了适合自身发展需要，且灵活机动的内训讲师队伍。

如中国科学院计算技术研究所近几年组织实施的"阳光计划"，为每一位阳光计划成员配备"成长伙伴"，成长伙伴分为两类：对于参加"阳光计划"的老职工，人力资源处为其配备其他部门的成长伙伴，以促进不同部门之间的沟通交流；对于参加"阳光计划"的新职工，为其配备本部门工作 3 年以上的职工，为其尽快融入计算所、尽快融入工作提供帮助。

加强年轻师资队伍建设。挖掘并培养理论功底过硬、专业背景扎实、善于沟通表达的中青年学术带头人，积极提供讲学授课、交流座谈和深造学习机会，以政策导向和物质奖励引导有才华的中青年职工走入内部培训师队伍，为内训讲师队伍提供鲜活知识和后备力量。

聘请同行业专家和专业培训师。外聘培训讲师的根本宗旨在于更新知识点、扩大视野范围，使职工学习到多层面、多角度的专业技能和工作技巧，在信息和知识更新快、科学前沿突飞猛进、技术进步不断加快的今天，同行专家交流、聘请职业培训师是一种低成本、高效益的利用培训资源方式。

因自身科研工作和学科发展需要，中国科学院的研究所与国内外高水平科研机构和大学有着密切的科技合作与交流。这也为研究所的培训工作提供了外聘培训师的机会和平台。如中国科学院近代物理研究所在重离子冷却储存环（CSR）大科学工程建设时期，利用国际合作与交流开展科研人员的继续教育与培训，邀请了来自德国、美国、荷兰、日本、加拿大等国的国际著名核物理和加速器专家来所，组织专题报告会、专题讲座、专题研讨会，安排合作研究、访谈交流，克服了国内师资不足的情况，为所内科研工作者搭建了最佳的学习平台。与来自不同国度的科学家讨论切磋，吸纳世界上不同实验室的物理思想和工程经验，十分有利于科研人员综合借鉴各种先进的思想和技术。

邀请专业技术公司或培训咨询公司。根据本单位的战略发展和实际需求，适时安排软件平台建设、人才队伍建设、实操技巧辅导等需要外部资源协助的专项提升式培训。

5.2.2　培训课程

培训课程是否科学合理，直接影响到培训体系设置的可行性、实效性。培训课程应根据科研院所战略发展和学科领域，与人员层次和实际需求相适应，管理、科研、支撑齐头并进，注重各类人才的培养，系统规划培训课程体系。培训课程可分为通用性拓展培训和专用性技能培训。

通用性拓展培训以提升科技工作者（包括管理人员、科研人员等）个人的岗位胜任能力、团队合作精神和使命意识等为目标，帮助建立并发展科研院所核心文化和理念，使科技工作者与院所文化实现有机结合，从而提升凝聚力和竞争力，实现远景目标，服务科技创新和科学研究。通用性拓展培训主要面向融入新集体的科技人员和从事管理工作的人员。其主要形式如下。

1）新职工岗前集中培训：为使新职工尽快胜任科研工作者的角色，全面了解研究所情况，在正式进入岗位前安排为期 3~6 个月的岗前集中培训。培训内容涵盖本单位的历史与文化、学科领域研究方向与科研能力、规章制度与技能要求以及通过完成模拟课题体验科研过程的专项培训，有助于岗位胜任能力的知识积累，为日后在"干中学"打下良好的基础。

2）在职人员管理能力培训：面向研究所从事科研管理或行政管理工作的科研人员和管理人员，开展切合研究所实际、能够切实提高管理能力的相关培训。中国科学院是按照院统一规划、分院、研究所分层分级培训的原则，有针对性地开展各类管理培训。

如中国科学院生物物理研究所针对中层管理干部的能力需求，近年来，从培训形式到内容逐步进行了新的尝试，探索并完善了"四个一"的培训模式，即一个主题、一本书、一堂课、一个培训结果。成为生物物理研究所中层管理干部的主要培训形式，初步形成了自成系统、别具特色、效果鲜明的培训品牌，在提升综合管理水平，建设职业化管理队伍方面发挥了重要作用。

3）专业基础知识培训：以开办基础知识培训班为先导，在研究所范围内通过普及式、强制性学习，增强中青年职工专业基础知识功底，扩大专业知识面。

如中国科学院大连化学物理研究所组织的实验技能培训，为青年科研人员掌握必要的实验技能，顺利开展科研工作提供了帮助，为研究所持续健康发展提供了优质人力资源保障。

4）专项技术培训：为促进研究所专项技术水平的提高，满足在研项目对专项技术的需求，举办针对性、实用性强的专项技术理论知识、试验技能及分析方法等培训。

如中国科学院南京天文光学技术研究所在高技能人才队伍培训中，发挥学科优势，科学规范管理，也组织开展面向江苏省机关事业单位（包括本所）光学冷加工方面的培训、考试、考核和评审等工作，成为江苏省唯一具有该资质的单位。

5）其他培训：针对研究所的功能和任务导向，将质量培训、保密培训、技术安全培训等纳入日常培训工作，做好岗位技能、职业技能等技能性培训，同时根据本所发展需要，开展针对不同受训主体、不同个体需求的继续教育与培训活动。

如中国科学院高能物理研究所围绕大科学装置工程及其科研任务组织的安全培训，针对整个工程和科研设备安装过程，建立健全安全保障的制度体系，并进行专题培训，严格落实，保证安全建设。

专用性技能培训主要围绕科研院所的专业方向、学科特点和研究需要，采用自行组织，自我开发的形式，目的是满足共性知识需求，提升技能基础，形成专业知识的共享机制，促进集体和团队乃至整个科研院所的内部沟通和认知了解，对个人也是拓展知识面，更新专业知识的重要方式。对科研院所而言，主要有专业基础知识培训和专项技术培训两种形式。

5.2.3　培训信息系统

培训信息系统是培训资源整合的一种手段和方式，其根本目的在于提高资源利用的效益。在兼顾经费投入和受众规模的基础上，加强顶层规划设计，摸透科研院所培训需求，集中优势培训资源，通过培训信息系统达到整合共享培训资源，提升培训学习效果的目的。

早期的网络培训信息系统主要形式是远程教育，通过网络跨越地域、时空限制的优势，将教育资源远程投送到教育资源获取难度大、成本高的地方，并且通过远程教育方便了受训者自主选择合适的时间、地点，按照自我的速度和方式进行学习，便于解决工学矛盾，提高培训的受益面。

随着现代信息技术的发展，网络在培训中发挥着越来越大的作用。它所带来的大信息量及时空结构的变换，使我们能够在新的视野和操作环境下，来创新培训资源管理体系。现在网络培训系统已经发展成为集网络培训资源共享、培训平台互动、培训效果测评、培训自动管理一体化的信息系统，包括自主学习管理（网络在线选课等形式）、个性化学习跟踪、在线考试与教师评价考核、在线互动交流等培训平台（建立学习论坛、交流区、资源库等形式），同时借助网络数字化资源开发网络课程如网络公开课、精品教学视频等培训课程资源。借助发达的信息技术如数据库、统计分析等工具，可以快速完成学员、教师的教学、学习情况等分析总结报告，有助于将课程、师资、学习效果等评价进行精细化数字管理，有利于动态跟踪学员的培训学习档案，建立学习反馈评价长效机制。

如中国科学院计算机网络信息中心利用自身专业优势，建设的 E-learning 系统，实现了培训全过程管理信息化，为职工随时随地学习提供了平台，有效缓解了"工学矛盾"。

综上所述，培训资源数量庞大、种类繁多，且具有典型的服务性、针对性、经验性及时效性等特性，培训部门应最大限度地开发和利用这些形式多样、分散各地的培训资源，建设既有科研院所特色，又能满足组织和职工发展需要的培训资源库。

5.3 培训资源开发利用

培训资源的开发利用，必须建立在深入了解本单位实际情况基础上。对存在的问题有一定的认识，清楚地掌握单位不同层级、不同岗位职工的培训需求，并与他们进行沟通，了解与培训有关的各种问题背景、问题表现和问题原因。从解决问题，支撑发展的角度，内联外引，整合优势，做好培训资源的开发利用。

5.3.1 基本导向

满足需求、突出重点。培训资源开发利用既要满足组织层面的需要，也要满足职工个人的需要；既要服务单位人力资源队伍建设需要，也要关注职工自身职业生涯发展；既要了解当前亟待解决的现实问题，也要考虑未来事业发展需要。因此，培训资源的开发利用是不断发现、挖掘和满足不同层级，不同类别培训需求的过程，在这个过程中，必须有重点、分层次、分类别逐级推进，选择能较大程度满足组织内部培训需求的资源予以利用，考虑较难从外部获得的资源予以开发。

立足当前、讲求实用。培训资源开发利用必须以本单位实际为主导，优先开发当前急需且实用性较强的资源，优先选用能满足当前紧迫需求且适用面较广的资源。在对现有资源进行认真调查摸底的基础上，结合对组织、部门与个人等不同层级培训需求的深入了解，绘制培训资源开发利用路线图。遵循"以我为主、实用易用"的思路，实现现有资源的高效利用和实用资源的率先开发，坚决杜绝资源的重复开发和闲置浪费。

整合共享、提高效益。在信息时代，越来越多的培训资源被数字化、网络化，这为培训资源的整合共享提供了便利条件。在培训资源开发利用中，必须充分重视资源的可整合性，加强资源的开放性，搭建资源共享平台，提高资源利用率，拓展资源效益。培训资源的整合不仅包括对师资、课程、教材、场地、经费等有形资源的整合，也包括对培训理念、规章制度和培训文化等无形资源的整合，特别是对于人员层次较高的科研院所，无形资源的整合有助于形成较为规范的培训体系，提高培训的针对性和有效性。

5.3.2 工作原则

针对科研院所的特点和需要，在培训资源利用中应主要遵循以下原则。

战略导向。科研院所的发展战略是结合自身特点、适应社会发展需求，为组织生存和长远发展所制定的总体谋略。研究所培训体系根源于本单位的发展战略，隶属于人力资源战略体系之下，只有根据本所战略规划，结合人力资源发展战略，才能量身定做出符合自己持续发展的高效培训体系，培训也才能真正体现自身的价值。因此，培训资源首先必须服务于研究所战略导向。

核心需求。培训资源是培训体系的基石，没有资源则无法建立体系；培训体系依靠资源来组织实现，没有体系则资源是一盘散沙。有效的培训体系不是头疼医头、脚疼医脚的"救火工程"，而是深入发掘科研院所的核心需求，根据战略发展目标预测对于人力资本的需求，提前为本单位需求做好人才的培养和储备，防止人才的断层和恶性流失，阻止学科专业的边缘化和萎缩。培训资源必须要先明确科研院所短期内，乃至中长期的最主要的需要和亟待解决的问题，这样才能有的放矢，使培训资源的组织具有针对性。

多层次全方位。培训是继学历教育之后的一种成人教育，其受教育主体是具有不同教育背景、具备不同工作技能的科技工作者，因此培训应针对不同的课程采用不同的培训技巧，针对具体的条件采用多种培训方式。针对具体个人能力和发展计划制订不同的培训计划。通过多渠道、多层次地构建培训体系，达到全员参与、共同分享培训成果的效果，使得培训方法和内容适合被培训者。在此情况下，培训资源不是孤立、分散、单一的，必须多层次、全方位组织。

重视个人发展。培训的目的一方面是为科研院所的战略发展服务，同时也要与个人职业生涯发展相结合，实现职工素质与科研院所发展相匹配。培训体系应通过其政策导向作用，引导职工努力提高个人素质、不断充实专业知识，通过有效培训和继续教育活动增强自身竞争优势。

5.3.3 主要方式

培训资源开发利用包括对培训讲师、培训课程、培训者、培训方式、培训媒介、培训平台、培训场地和经费、培训理念等一系列与培训有关的元素的开发和使用。科研院所的培训资源开发利用主要是通过建设师资体系，开发培训课程，培养专业化培训者和搭建资源平台等方式，最大限度挖掘、开发和利用各类核心培训资源，统筹规划、优化配置其他资源，形成与科研院所和职工个人发展相适应，满足各类人员培训需求的资源开发利用体系。

1）组织内外结合的培训师资力量。构建有科研院所特色的培训讲师团队，必须充分利用内外部师资力量，"用其所欲，行其所能"，在互补整合中造就一支既有扎实的、高起点的、具有前瞻性理论素养，又有开放性、开拓性、创新性实践品格的讲师团队。

一套完善的人力资源培训和开发体系，从其构架来讲，内部培训师队伍是不可或缺的重要组成部分。建立一支有力的内部培训师队伍，对于培训计划顺利、有效地实施，对于推进培训和开发的规模化、科学化和规范化都有举足轻重的作用。发现、挖掘和培养内部培训师是培训主管的重要任务之一。科研院所的内训师可以由研究所中层骨干（包括室主任、职能管理部门负责人等）、业务精湛或在某领域颇有造诣的专家和优秀职工构成。通过建立客座教授机制，充分利用系统内和本单位的人才资源优势。遴选确定的内训师必须进行资格确认或聘任，明确他们的责任、义务和权力，如：在本职工作同授课不相冲突的情况下，必须配合培训组织部门的工作；每年必须保证一定的培训量；可以领取一定的授课津贴等。规范内容，降低成本，提高效率，提升培训质量和培训效果。人事部门负责内训师的日常管理和监督考核，一方面要制定相关管理制度和奖惩机制，另一方面要做好对内训师自身的培训，帮助他们尽快地成长提高。

外部讲师是通过培训顾问公司或高校聘请的授课讲师（钱振波，2005）。在甄选外部讲师时，可以通过考察一些专业的培训机构，在他们的帮助下，找到适合本单位需要的外训师。可以重点从教育背景、与主讲内容有关的经历、讲课风格和方法以及来自其他客户的评价等方面，了解外部讲师。另外，可建立高校师资资源网。根据不同层次培训班的要求，依托各类高校，聘请著名教授、专家学者和具有深厚理论功底又有丰富教学经验的教师授课。在培训项目设计时，可以请外部专家针对本单位的实际和特点，进行相应的课程开发或再开发；也可以请他们集中或分阶段对内训师就一些通用类方法、流程、工具方面进行培训和实践指导。在实际工作中，要注重与外训师的沟通和协调，也要做好培训评估，及时将学员的真实感受反馈给外训师，帮忙他们深入地了解单位职工的需求，更好地满足培训要求。最终通过培训效果的评估决定是否继续聘请外部讲师。

2）开发分级分类的培训课程。培训课程开发因其培训内容、培训方式与培训对象的差异，难以用一个模式来固定。但是任何事物又有一定的规律性，科研院所培训课程开发要以提升职工的能力素质为核心，以促进组织和职工个人的发展为目标，将课程设置与不同层级人员的岗位要求和培训目标相适应，形成针对性强，又较为系统的课程体系，以"需求分析—课程目标—内容设计—试点实施—反馈优化—正式实施—培训评估"的形式逐级予以推进。在需求分析阶段，需要根据单位发展战略，依托组织架构确立的岗位体系对应的胜任素质模型来进行分析。胜任素质模型的开发有多种方式，科研院所可以根据自身实际和需要，选择一种较适合的方式，本着尽可能全面、实用的原则来搭建模型。从胜任素质模型到课程开发，需要在胜任素质提炼基础上，进行聚类分析，确定核心胜任素质、技能胜任素质和管理胜任素质等，形成课程目标，并进行分级，课程对不同层级的职工应有不同的深度。在课程提纲完成后，可按照岗位体系形成课程蓝图和清单，并在此基础上进行内容设计和相关材料准备，在实践中不断修正和完善。

课程体系的建设和完善是一个长期的过程，需要长期的积累和评估，不可能一蹴而就。同时，课程体系建设也要注重与培训项目的开发和管理有机结合，注重培训素材的积累和整合，注重鼓励内训师自主开发适合科研院所需要的课程，并尽量形成数字化资料，便于课程库的网络化。

3）培养专业培训者。一支素质高、业务精、相对稳定的专兼结合的培训者队伍，无疑是科研院所最重要的培训资源和最可宝贵的财富之一。科研院所职工因其大多从事与科学相关的专业性工作，一般具有较强的专业背景和较高的学历，探索和求知欲望强烈，独立思考和学习能力很强。单位和职工的特殊性为做好科研院所的培训形成了一定的难度和挑战，要求科研院所的培训者既有一定的科研相关的背景知识，也要具备组织管理经验和专业培训能力。近年来，培训者队伍越来越年轻化，单纯地"干中学"已不能满足培训者队伍建设的需要，采取专题培训、主题研讨、"以研代训"、实践观摩等各种形式，培养更加专业化、职业化的培训者队伍，成为加强培训者队伍建设的主要目标。

新入职的培训者大多具有较高的学历和一定的专业背景，但是管理经验相对缺乏且对本单位的情况了解不够深入；从事培训工作多年的老同志管理经验和培训组织能力很强，但往往趋于保守，不容易接受新的培训理念和创新培训方式。在培训者培训中，要以专业理论、经验分享和主题研讨为主，根据不同类型培训者的特点和需要，设计不同的培训内容，提高培训的针对性和有效性。以理论授课、经验交流、互动研讨、素质拓展等多种形式，开展培训者培训。以先进的培训理念和专业的管理知识，加强对培训者的培养与训练，提高专业素质和职业素养，强化组织管理能力，培养开拓创新的精神，提高培训者队伍的整体水平。

如院人事教育局作为主管全院培训工作的部门，一直十分重视培训者队伍的建设和培养，坚持定期举办针对不同层次、不同类型培训者的专门培训、研讨交流、实地观摩等。同时，坚持组织有积极性且专业和研究能力较强的青年培训者，在资深培训者的带领下，开展各类培训专项课题研究，通过"以研带训"提高培训者的专业水平和研究能力，借助"新老结合"丰富年轻同志的管理知识，提升年长同志的创新能力，取长补短，互相学习，共同提高。

4）搭建开放共享的培训平台。资源的有效利用和挖掘是培训资源整合的关键，科研院所必须结合自身特色和优势，掌握领导干部、后备队伍、科研骨干、青年人才、技术支撑人员、管理骨干等不同类别、不同层级人员的培训需求，采取多种方式，提高资源利用率，推进资源整合和共享，形成具有一定实效性和针对性的资源库。对于研究单位众多，地域分布广泛，涉及学科繁杂的组织，首先，必须着力改变培训资源重复购置和分散浪费的状况，充分调动和利用不同层级单位的培训资源与力量，同时发挥组织内部或高校的教学资源优势，鼓励跨地区、跨领域整合优势资源，强强联手形成一批精品项目，培养一批优秀师资。其次，要充分考虑不同单位各具特色的文化及培训资源开发和利用的差距。尽量减少这种差异和文化的碰撞对资源共享的阻碍，鼓励结合自身需要和实际情况，创建特色培训项目，在调整完善中逐步予以推广和开放。另外，加强信息沟通，整合对象资源。及时掌握培训工作动态，在节约培训经费、提高培训效益的前提下，采取"搭车办班""联合办班"等形式开展培训，把培训内容相近、培训目标相同的项目联合起来举办，使部分培训对象进行整合，最大化地利用有限的培训资源。

一些科研院所在资源共享理念上还存在模糊认识，认为培训资源共享等同于各种形式、各个层面培训资源的简单合并，没有根据本单位实际，有针对性地去深入分析和研究如何高效利用现有资源，充分挖掘潜在资源，并以此为基础构建资源共享机制。中国科学院拥有12个分院、一百多个直属研究机构，为了更好地整合和利用现有的培训资源，培训管理者做了许多有益的探索和实践，取得了良好的效果。如中国科学院南京分院通过举办"江苏省各类科技资源争取培训研讨班"，结合区域经济与产业发展的实际科技需求实现知识创新体系与技术创新体系、区域创新体系的紧密融合，加强院地合作、协同创新。

通过举办培训班，一方面院属单位越来越深刻地感受到江苏科技创新创业的迫切需求和极具吸引力的政策环境，纷纷调整研究所发展战略，将江苏省作为发展的重点区域；另一方面，江苏省也越来越深刻地认识到，中国科学院科研单元到苏发展，对江苏科技、经济的强大支撑作用，也更全面地了解了中国科学院在学科设置、科研实力、人才团队等方面的优势，更加坚定了江苏长期、全面、深入地与中国科学院拓展合作的战略思路。"江苏省各类科技资源争取培训研讨班"也逐渐成为南京分院院地合作工作的品牌，在科学院系统内的影响力逐年提高，并逐步向全院辐射推广，2010 和 2011 年分别有 64 个和 75 个院属单位派代表参会，几年来共有近 1000 人次参加培训，成为整合地方培训资源、实践继续教育和培训的一大创新性举措。

新时期，科研院所必须摒弃把培训资源占为已有的观念，深刻认识资源共享的必要性和意义，树立共建共享、互利双赢的理念。做好培训的科学规划，以开发人才潜能、掌握专业技能、培养创新思维为切入点，在资源共享中实现开放、合作、创新的统一。

5）优化配置其他资源。在培训资源开发利用过程中，关键培训资源的开发利用是重点，但是也不能忽视培训设备与场地、培训经费、培训理念与文化等其他有形或无形资源的规划和配置。支撑类的有形培训资源是培训顺利实施的保障，无形培训资源是培训事业发展的助推器。

培训设备和场地一般是根据不同的培训形式、培训规模、培训频次和时长来选用。一方面，尽可能合理利用自身已具备的设备和场地，另一方面，暂时非自有的设备和场地，根据他们的使用率和需求度来确定是自行配置，还是外部租用。跨单位的整合共享往往更能发挥设备和场地的作用，避免闲置和浪费。通常，单位在年初预算时，即会根据某种规则来确定当年度的培训费用。"将有限的经费用在最需要的地方"和"使每一分钱发挥最大的培训效益"是培训经费配置和使用的基本准则。对于组织内部有一定层级关系的科研院所来说，除了用好单位的专项培训经费外，还应该注重盘活各个部门的培训费用，同时，职业资质、通用技能等方面的培训，也可鼓励职工个人负担一定的费用。

一个单位的培训工作是否到位，往往跟高层领导重视和单位文化传统密不可分。领导重视、规章制度、培训理念、文化传承等无形资源是互相影响、互相渗透的，因此，对这些资源的开发和利用要通盘考虑，从细处着眼，从点滴入手。科研院所因其丰富的文化底蕴和传承，培训传统和理念已用一定的基础，继承并发扬已有的好传统、好理念，同时，不断调整完善培训制度，才能使科研院所的无形培训资源发挥更大的作用，产出更多的效益。如中国科学院过程工程研究所成立的"SKIPER"学院，由研究所党委书记出任"SKIPER"学院院长，人事教育处、综合办公室牵头，其他各部门协同配合。在人员保障方面，成立"SKIPER"学院办公室，专人负责日常工作。在经费保障方面，将"SKIPER"学院经费列入研究所年度预算。研究所以"SKIPER"学院为载体，对全所继续教育资源进行整合、统筹协调，采用了名师讲堂、专题研讨、读书征文，参观实践等多种形式。更加系统、规范，有力地推动了学习型研究所的建设。

明晰培训资源的分类，了解它们的优缺点，掌握关键培训资源，从实际需求出发，立足单位特色，紧扣师资队伍和培训课程建设两个重点，加快推进信息系统建设，有效整合内外培训资源，建立高效使用、快捷共享的资源利用模式，为培养出高素质、适合本单位发展的职工服务，是适应现代科研院所发展，提升人力资源管理水平的必由之路。中国科学院及其所属研究所在培训资源自主开发、整合利用和体系建设等方面进行了一系列有益的探索、实践和创新，希望我们的努力能为科研院所培训资源开发利用走出一条高效快捷、全覆盖、多样化的新路。

5.4　案 例 分 析

5.4.1　案例 16

优化试验装置共享机制，提升培训资源利用率

　　培训资源开发利用的重要理念就是开放共享，提升效益。作为科研院所，将科研试验装置纳入培训资源，并紧密将"人才"与"装置"结合，在培训中实现二者的"双提升"，是一个有益的探索和尝试。面对纳米领域日新月异的发展，中国科学院国家纳米科学中心（简称纳米中心）十分重视职工的继续教育和纳米技术的培训推广服务。经过几年的实践，在"贴近科研、学用融合"方针的指导下，围绕关键科研试验装置，开放共享培训资源，逐步探索出了"外派学习、实践探索、研讨提升、对外服务"的继续教育与培训模式。在极大的提升人员技术水平的同时，提高了优质培训资源的使用率。

　　（1）发挥优势学科、高端人才优势，开放式整合优质培训资源

　　纳米中心是我国纳米科技领域的国家级综合性研究中心，由中国科学院与教育部联合共建，与北京大学、清华大学联合共管，集公共技术平台和科学研究于一体的科研单位，下设 6 个研究室、2 个实验室和 1 个发展研究中心。纳米中心有一支高端人才聚集的科研队伍，包括研究员及正高级工程技术人员 27 人、副研究员及高级工程技术人员 23 人，中国科学院"百人计划"入选者 15 人、国家杰出青年科学基金获得者 3 人。纳米中心是全国纳米技术标准化技术委员会纳米材料分技术委员会（SAC/TC279/SC1）、中国合格评定国家认可委员会（CNAS）实验室技术委员会纳米专业委员会、中国微米纳米技术学会纳米科学技术分会的挂靠单位。由纳米中心与英国皇家化学会联合主办的英文期刊 *Nanoscale* 受到国内外学界的广泛关注。

作为当今发展最为迅速的学科，纳米科学技术已经成为一门集前沿性、交叉性和多学科特征的新兴研究领域，其理论基础、研究对象涉及物理学、化学、材料学、机械学、微电子学、生物学和医学等多个不同的学科。进入21世纪，世界各国纷纷意识到纳米科技对社会的经济发展、科学技术进步、人类生活等方面产生了巨大影响，加大了对纳米科学技术研究力度，将其列为21世纪最重要的科学技术。美国、欧盟、日本纷纷将纳米科学技术的研究和发展列为国家科学技术发展的重要组成部分，我国也将纳米科学与技术研究列为《国家中长期科学技术发展规划纲要》的四大重点学科之一。

纳米中心发挥纳米学科的优势，以高端人才聚集为制高点，在继续教育培训中注重开放式整合"高端人才"与"核心试验设备"相结合的优质资源。以纳米检测实验室为例。纳米检测实验室建立于2006年，是纳米中心公共技术平台的重要组成部分，也是中国科学院北京大型设备仪器平台的核心成员。现有透射电子显微镜、聚焦离子束系统、扫面探针显微镜、X射线光电子能谱仪等纳米表征和检测设备大型仪器设备30多台套，主要设备全部实现了网上预约，每年可提供检测服务3万多个机时。该实验室现有8名技术人员，平均年龄32.3岁，全部具有硕士以上学位，其中，高级工程师3名，是一支年轻精干的高素质技术团队。纳米检测实验室的定位是一个面向全国纳米科技人员的公共技术平台，在院专项经费的支持下，先后举办了四届纳米检测技术、方法及应用的讲习班。讲习班面向从事纳米相关领域的青年教师、实验技术人员、博士后、博士生或高年级硕士生；培训内容集中在纳米科技工作中常用的、新出现的检测技术、检测方法和应用；培训教授全部邀请科研一线的知名专家学者亲自讲授，是一个定位高端人群的培训规划。经过多年的探索，已经逐步在全国同行中建立起了品牌效应。

建设以讲习班为重点的精品课程，提升课程质量，不断系统和深化课程体系，推进我国纳米人才队伍建设。第一届讲习班的主题为"纳米级长度的扫描电镜测量方法通则"，配合我国纳米标准的研制，在全国纳米技术标准化技术委员会的指导下，重点普及国家标准的使用。第二届讲习班的主题为"纳米结构电学性质测量技术"，针对实际工作中容易遇到的电学测量方面的实际问题，邀请相关专家从纳米结构电学性质测试所面临的技术挑战和测试方案、碳纳米管测量标准的解读、到精密低电平测量技术专题讲座，全面系统地介绍了纳米结构电学性质测量，尤其是微弱信号的测量技术，同时通过对实际工作中容易遇到的问题、解决方案、注意事项的研讨以及实际测量的现场演示，使大家对测量技术有了更深入的了解和认识，参会人员感到对以后的科技工作有很大的帮助。第三届讲习班的主题是"纳米材料结构分析工作中常用的分析技术"，内容涉及电子显微学、X 射线粉末衍射、X 射线小角散射、Raman 光谱学、表面结构分析技术等技术领域，系统介绍了纳米材料结构分析技术。第四届讲习班的主题为"纳米研究中的检测方法及应用前沿进展"，邀请相关领域 8 位知名专家，以报告的形式进行了交流。培训内容从最初的基础知识普及，到此后的专项技术培训，再到针对纳米特定领域的系统培训，进而扩展到检测前沿技术的分享和研讨，培训内容逐步系统和深化，并形成了良好的品牌效应。

加强建立培训课程的反馈评价，有目的的改进完善培训方式，提升培训者的参与感和成就感。第一届讲习班的培训方式主要的是名家讲解，第二届讲习班时，增加了现场演示和实战，第三届讲习班中，添加了学员参与式的研讨板块，第四届讲习班中，通过大信息量的交流和开放式研讨，使学员融入了培训之中。看到茶歇时专家身边围满了学员、看到最后一位专家报告时会场仍然人满为患、看到会后众多学员通过电子邮件对培训效果给予肯定反馈的情景时，我们感到了培训工作的价值。

发挥骨干专家学者专长，加强培训师资团队建设，同时注重培训规模，确保质量效果。第一届讲习班仅有 2 名专家授课，有学员 50 名；第二届讲习班时增加到了 4 名专家授课，学员骤增到 200 名；第三届讲习班以后有意识地控制规模，学员在 100 名左右，邀请了 8 名以上专家进行授课。这样不仅扩大了培训内容方面的信息量，让不同学科背景的学员都有所收获，而且，更重要的是积累了纳米检测技术培训的师资力量，同时在规模方面坚持以质量为主，以保证培训质量和效果。

加强对外协作沟通，引入企业培训资源为我所用，通过举办联合培训班开放共赢。在系列培训取得理想效果和一定品牌效应的基础上，纳米检测实验室的培训工作也在不断突破、不断深化，先后开展了借助著名仪器设备公司和高校技术平台联合举办专题培训的尝试，以丰富我们的培训内容和形式。2010 年，检测实验室与 FEI 和 Gatan 公司合作，联合举办了"能量损失谱-能量过滤透射电镜高级培训班"，邀请了 FEI 和 Gatan 公司的专家进行理论分析和讲解，安排了现场实验技术指导和疑难问题答疑等环节。培训对象为有一年以上相关设备操作经验的用户。为确保培训质量和实效，培训班规模控制在 10 人以内，取得了较好的效果。2011 年，检测实验室与北京大学电子显微镜专业实验室，共同举办了"全国 FIB 技术/学术交流研讨会"。会议期间，正式成立"中国电镜学会聚焦离子束专业委员会"，以促进全国的学术交流和 FIB/SDB 技术的健康发展。有了这些平台的支撑，纳米检测实验室的培训工作不久的将来还会走上一个新的台阶。通过整合多方资源，辐射全国同行，纳米检测实验室有效地凝聚起一直以纳米科学为中心学科群，高端人才聚集的优质培训师资队伍，提升了纳米科学中心的培训品牌。

（2）依托科研装置开展培训，提高使用率扩大受益面

纳米科学作为当今科学和技术研究的关注热点，与之相关的大型仪器设备投资规模不断扩大。纳米中心的成立，打破了大学和科研院

所科学研究的"孤岛效应"，为充分发挥现有仪器设备投资效益，减少大型仪器设备重复购置，促进我校大型仪器设备专管共用、资源共享做出了一系列探索和努力，培训资源的利用开发在其中发挥了重要作用。

以科研装置为平台，加大培训力度，提升职工支撑服务能力和装置设备使用率，实现了设备与工作人员相结合的"双提升"。纳米检测实验室的多数设备都是当前国际上最先进的型号，国内各高校还很少装备，因此熟悉这些设备性能、受到过专项培训的毕业生非常少，纳米中心招聘来负责这些设备的技术人员很多都是仅接触过类似的设备。针对这一国内现状，纳米中心非常重视并支持实验室工作人员的技术培训，鼓励他们与实际工作相结合，自学仪器说明书和参考文献，向设备厂商工程师请教，同时积极参加相关的专项设备培训活动。实验室每年人均参加1~2次学习班、研讨班等继续教育与培训项目。在参加项目的选择上，注重实效，有针对性，并注重培训效果的考核和评估，取得了良好的效果。

工作人员技术水平的提升，反过来促进了实验室的常规培训质量和效果。让被培训者变为培训师，对外提供培训服务，表面看是一种输出，实质上对职工个人、一个实验室、甚至一个单位自身的发展均有良好的促进作用。职工针对每一台仪器编写培训讲义，在培训过程中，不仅能讲授仪器操作和实验技术，还能对相关理论进行讲解。该实验室已经建立了完整的仪器设备培训申请、培训流程、考核授权等制度，每年培训数百人次。培训对象，也逐步从研究生、扩展到科研人员、进而延伸到本单位外的高校和科研院所的科技工作者，受到普遍好评。

（3）倡导学用融合培训理念，建立"试验平台与科学研究一体化"长效机制

职工继续教育和培训是一个长期、系统的工作，只有与日常工作

有效地结合起来，有针对性、有目标、有重点地组织和有计划地安排，并在培训后及时与被培训者的本职工作相结合，学以致用，增强培训的实践性，才能取得预期的实效，才能通过培训内容本身调动被培训者的学习积极性，而避免异化为强制学习或休闲娱乐。同时，职工继续教育和培养工作推动青年科技工作者成长，在培养青年人才方面具有不可替代的作用。

纳米科技的发展非常迅猛，这就要求科技工作者不断学习和掌握层出不穷的新技术和新方法，以满足科技任务的需求。譬如，根据国家需求建立具备国家认可资质的纳米检测实验室，就是一个典型实例。随着纳米技术的发展，越来越多的企业开始使用纳米技术，但我国在纳米检测领域缺乏具备国家认可资质的实验室，这势必会阻碍纳米技术的推广和应用。为满足国家需求，纳米检测实验室成立后的第二年就开始着手按照实验室认可的标准来建立各种检测设备的质量管理体系。然而，实验室工作人员此前并没有接触过实验室认可和质量管理体系方面的相关工作，是一个崭新的领域。在中心领导和国家实验室合格评定委员会的指导下，按照"外派学习、实践探索、专家答疑"的培训模式，开展了继续教育和培训工作。

实验室首先组织负责质量体系建设的核心成员，参加实验室认可内审培训班，让他们得以系统地学习实验室质量管理体系，并获得相应的资质。随后，参加过培训的人员开始组织大家起草相关的质量管理体系文件，边实践，边学习。通过对相关法规、标准、规范及参考文件的学习和理解，结合检测实验室的实际情况，在实践中的不断修改和完善，经过一年多的努力，最终建立起了由质量手册、程序文件、作业指导书以及相关实验室管理规定等文件管理体系。此后，在实验室管理体系的运行和实施阶段，对实验室所有工作人员进行了系统培训，在实验室内部对管理体系文件进行宣讲，对其中的重点和难点，邀请专家进行专题讲解，并逐一派工作人员外出有针对性的学习和培训。这一系列的职工继续教育和培训工作取得了良好的效果。实验室工作人员共同努力，从零开始，使实验室的质量管理体系逐步运行起来，并于 2009 年顺利通过了中国合格评定国家实验室认可委员会的评审，获得实验室认可证书，成为我国在纳米领域首批具有国家检测认可资格的实验室之一。此外，在实验室认可申请过程中，实验室工作人员还积极参与纳米技术标准的编制工作。通过派遣相关人员参加纳米标准编制培训，逐渐熟悉掌握了纳米标准编写及纳米标准物质研制的相关方法和程序，并取得了可喜的成绩。截至 2012 年 6 月，已经主持编写颁布了 2 项国家标准，参与并完成了 6 个国家一级标准物质的研制工作。

在培训资源的开发利用中，必须始终贯彻"终身学习，学用相长"的培训理念。通过建立以需求为导向，不断引导培训者和职工进入新的学习领域和前沿，有效拓展培训资源的内涵。通过学用相长，使公共技术平台和科学研究融为一体，互为促进，形成良性互动，建立起一套科研院所资源利用的长效机制，极大地提升了中心的整体水平和可持续发展能力。

（素材提供人：中国科学院国家纳米科学中心　郭延军）

案例小结　科学试验装置是科学研究和技术开发的基础设施，为学科领域研究提供了新平台，为推动高新技术的发展突破提供必要条件，是科学研究开展和进步的宝贵和稀缺资源。长期以来，科研院所与大学作为我国科学研究实验装置的主要拥有者，普遍存在资源利用率不高、同质化倾向严重的局面。国家纳米科学中心顺应国家科技平台建设开放共享的要求和需要，通过资源共用、数据共享，有效整合纳米试验装置和人才资源，以开发利用培训资源为切入点，在提升科研资源使用水平的同时提升人才能力水平，为我国的纳米科学发展和人才培训做出了贡献。在此过程中，培训资源的利用开发发挥了重要的作用。资源的利用离不开"人"和"物"两个关键要素（迟巍，2007）。国家纳米科学中心依托优质人才和装置资源，围绕纳米科学领域展开培训，通过举办学术研讨会、讲习班开放式整合了一支优秀的内外部培训师资队伍，充分利用来自科研一线的知名专家、高等院校同行专家和熟悉仪器设备的厂商技术人员的各自优势，依托科研装置，贴近科研展开培训，既拓展了公共技术平台的涵盖面，又扩大中心的公用性。通过培训提升中心的服务性，建立高效的运行机制和科学的评价机制，并使人才在培训中得到锻炼提升，装置在与培训的结合中实现最大化使用效益。

5.4.2　案例17

面向市场培训需求，拓展延伸培训资源渠道

中国科学院上海光学精密机械研究所（简称上海光机所）作为我国光学领域的综合性研究所，自2004年来借鉴国外依托国际大型学术会议开展高级速成讲习班的经验，尝试在国际光学工程学会（SPIE）等国际会议期间开设光学专项培训，先后开设了光学设计、光学检测、光学薄膜、光学加工等专项培训课程，覆盖了光学技术的产业链，满足多层次和专业方向的培训需求，形成了完整的培训产业链。截至2011年，培训班已完成近500人次的专项培训，为行业各个领域输送了大量专业人才，形成了以上海为中心辐射周边地区的光学人才高地，搭建了授课专家与企业、科研单位技术交流的平台。

（1）光学产业的迅速崛起，引领培训市场需求

20世纪90年代末，光电子技术的发展带来的信息技术的高速发展，以光通信技术为代表的信息技术产品成为当时推动社会经济发展的重要引擎产业。数码影像技术与产品的高速发展，光学终于从学术理论的殿堂走出，与百姓生活产生了密切的联系，光电数码技术的发展与普及为信息社会的到来做好了技术上的铺垫。光纤通信技术为信

息社会的信息交流提供了现代的"信息高速公路"，成为现代通信的基础设施，通信领域应用了百年的电缆终于让位于光缆，这为现代网络社会奠定了坚实的技术与物质基础。通过高速信息网络，人们进入地球互联时代。

进入 21 世纪，如何实现可持续发展，在保持高速发展的同时保持一个良好的生态环境成为摆在人们面前的重要问题。光学的研究又开始向能源与生命科学领域发展。在新能源领域，光伏效应的太阳能电池正在发展成为一个大产业，人们正在探索不断提高光电转换效率的新材料与新器件。激光核聚变技术的发展也为新能源技术的发展提供了一条新途径，光合作用的研究也是人类不断推进光学与光子技术在生命科学中应用的一个重要环节。以基因芯片技术带动各项光学与光子技术的发展，为生命科学的发展提供更为重要的技术手段与技术支撑。

随着光学技术与社会发展的迅速融合，运用工程学知识和数学理论及方法来设计应用于光信息处理、光通信和光能源等领域的技术不断涌现。光学技术已经渗透到越来越多的领域，各类新型的光学系统大量涌现，每年国际上都会产生数以万计的光学设计专利。行业的分化和技能的专业化不断向纵深发展，光学工程师、光学检测师、光学设计师等新兴职业对前沿知识和技能培训的市场需求旺盛增长，但面向市场、结合产业、立足高端的培训资源却十分稀缺。

上海光机所是我国建立最早、规模最大的激光专业研究所。自 1964 年成立以来已发展成为以探索现代光学重大基础及应用基础前沿研究、发展大型激光工程技术并开拓激光与光电子高技术应用为重点的综合性研究所。

在此背景下，上海光机所独辟蹊径，借鉴国外依托国际大型学术会议开展高级速成讲习班的经验，第一个在国际光学工程学会（SPIE）等国际会议期间开设光学专项培训。在不断的摸索和调整中，始终遵循市场导向需求，坚持高端引领定位，从早期的理论性的科学培训转变为理论与实际结合的适用技术提升，采取"注重行业应用、增加实际操控经验；扩展研发视野、提升职业核心竞争力；名师现场互动答疑、解决生产研发中难题"等形式，打造一流平台，培养一流光学技术人才的目标。

（2）秉承向市场延伸理念，整合所内外培训资源

作为面向行业需求的培训，如何确保理论与实践的结合，提升学员技术胜任能力和知识更新需求是整合培训资源的出发点，也是终极目标。上海光机所在培训中始终秉承向市场延伸的理念，聚集权威专家授课讲师，编写高水平的讲义教材，吸收公司厂商参与，在培训资源的优化和集成上取得了显著的效果。

根据自身专长和行业需求建设内训师和外训师队伍，形成内外互补的师资团队。上海光机所光学专项培训大力发掘具有深厚学术功底，刚刚退休返聘在所继续工作的老专家。他们治学严谨，时间安排比较充裕，经验丰富，如光学设计专项培训由国内一流的权威行业专家王之江院士亲自领衔授课，具有极强的号召力。包括工作在科研一线的中青年专家上海光机所前所长朱健强研究员、徐文东研究员、黄惠杰研究员参与具体授课，重点通过案例分析提升学员解决实际问题的能力。为了覆盖光学培训的各个方向，上海光机所积极整合国内的权威专家共同开展授课。如光学检测专项培训邀请北京理工大学知名专家苏大图教授，南京理工大学知名专家高志山教授、陈磊教授，中国科学院南京天文光学技术研究所李德培教授、上光所徐德衍研究员、沈卫星高级工程师，形成了阵容强大的讲师团队。与此同时，上海光机所还与中国光学学会光学测试专业委员会合作，共同举办相关活动。通过该学会的学术活动及专业委员会的委员推荐学员与授课专家，扩大了该专项培训的影响力和美誉度。

精心编写课程讲义教材，打造精品课程教材体系。与一般的短期

培训老师授课只有简单的演示文稿（PPT）教程不同，光学专项培训一般培训时间在 5 天左右。为确保授课的系统性和理论性，光学专项培训要求每一位授课老师除了准备 PPT 之外，还需要根据授课内容编写讲义。编写讲义的过程虽然比较辛苦，但是得到了各位授课老师的大力支持，他们在授课之前就积极投入到讲义的准备中去，从基础理论到实际案例、相关设备使用、行业前沿等方面都精心准备，整个讲义自成系统。上海光机所将授课老师们的讲义按照出版的相关规范精心编辑、排版，最后精美印刷，为学员提供了优秀的培训教材。这些讲义极好地帮助学员们尽快进入光学行业，也弥补了一些在课堂上无法及时讲授的基础知识。由于讲义编写质量高，又经过上海光机所期刊编辑部的精心编辑、校对，高等教育出版社、上海交大出版社、上海科技出版社等纷纷要求出版这套讲义。

引进外部行业资源，积极吸纳光电公司参与，共同组织培训实践。邀请光学软件公司共同组织培训。光学专项培训在中国科学院指导下开设，秉承了中国科学院权威、专业、实用、前沿的一贯特点。相关光电公司如上海欧熠光电科技有限公司、上海康世通信技术有限公司、上海卓克光电科技有限公司、上海讯技光电技术有限公司也慕名而来，参与到了讲习班的组织当中来，为学员们提供必备的设计或者检测测试设备，部分企业还直接在讲习班上招募优秀人才。参观光学相关公司，为学员提供实践机会。光学专项培训根据学员要求，每年都组织学员参观、考察著名光电公司，先后参观凤凰光学、翟柯莱姆达计量设备（上海）有限公司等。在翟柯莱姆达计量设备（上海）有限公司，窦任生博士讲授了移相干涉仪的工作原理和应用，邀请美国 Hinds Instruments 公司高级应用科学家及技术总监王宝良博士讲授了偏振光精密仪器的研发和应用。讲习班还组织学员们现场使用仪器进行检测操作，实地掌握光学检测相关仪器的操作使用。

加大宣传力度，推向培训市场。作为面向行业的培训，必须接受市场的检验。上海光机所按照市场化运作的方式，通过加大宣传力度，推广培训资源，扩大培训受益面，树立培训品牌效应。①借助所办行业期刊宣传。上海光机所主办如《光学学报》《中国光学快报》《中国激光》《激光与光电子学进展》等 4 种权威行业期刊，这些期刊覆盖面广、影响力大，上海光机所每年 5～10 月在这些学术期刊上刊登光学专项培训的宣传，让行业内从面上知晓专项培训项目。②通过系统内人事教育部门宣传。上海光机所专项培训在中国科学院的指导下，规范操作，实用性强，口碑好，得到了业内的认可，这也为相关单位的人教部门组织职工培训提供给了很好机会。上海光机所人教处积极将印制好的宣传单直接邮寄给中国科学院系统、相关科研系统的人事教育部门负责组织职工培训的工作人员，明确告知上海光机所的光学专项培训，希望这些单位能够在单位内宣传。这一专项培训正好契合了人事教育部门的服务功能，很多单位的人教处积极发动、宣传，为培训班推荐学员。③重点单位定向宣传。对历届参加过专项培训的学员单位，上海光机所通过电话、电子邮件等方式联系老学员，欢迎他们推荐新学员报名，并适当给予一定的学费优惠，一般同一个项目组都会安排新进职工来参加培训。④鼓励所内学员积极参加培训。为鼓励上海光机所相关研究室的老师、学生参加培训，针对所内学员，上海光机所制定了各项优惠措施，并定点联系了相关导师，由导师推荐，并在人教处备案。

在光学设计培训班取得成功的基础上根据市场的需求，2009 年上海光机所联合中国光学学会光学测试专业委员会开设了第一届光学检测培训班。根据调研国内的光学材料、加工、检测市场后发现该领域的技术骨干已出现年龄断层，老一批专家退休，新的技术能手未能上手，很多企业在这一块均缺乏实际操作经验的人才。培训班特邀请国内科研院所经验丰富的专家亲自授课，从理论到实际操作，从国际标准到生产流程规范，从操作经验到技术交流，及时地解决了业内稀缺人才的培养。另外，在培训中注重引进光电公司的参与，和慕尼黑展览公司合作，在展会同期举办光纤激光器的专项培训，首次开办即座无虚席。

（3）深入挖掘学员潜力，搭建培训交流平台

上海光机所在培训过程中，树立学员也是培训资源的意识，积极组织丰富多彩的交流活动，激发学员培训热情，挖掘学员的潜力，通过举办设计论坛、设计大赛、出版专刊等形式搭建培训资源交流平台。在交流中，学员发挥行业从业者的优势，提出新的问题，为培训加强针对性，紧跟技术方向提供了思路；讲师则在与学员的互动中更好的掌握了培训需求和实际学习效果，教学相长、教学互动。

举办光学设计论坛。为了加强学员对最新研究进展方向的把握能力，光学专项培训还同期举办"光学设计论坛"，邀请苏州大学余景池教授、北京理工大学王涌天教授、上海理工大学杨波副教授等专家主讲，介绍最新的科研成果与前沿动态。学员们积极参与并对这种教学形式予以好评。

同时在培训中改变以往"满堂灌"的授课模式，通过多种渠道，建立学员之间、学员与老师之间的互动渠道，采用多种交流方式，如网页、论坛、社区、实例点评、qq群等形式，让学员交流工作、学习中碰到的问题；通过课外活动、参观互动、软件培训等形式，扩展学员视野，提升学员兴趣。光学专项培训，不仅仅定位在一个简单的培训上面，而是希望为学员和光学行业搭建一个畅通的学习和交流平台。

举办光学设计大赛。光学专项培训学习借鉴国外举办类似培训的经验，在举办培训的同时举办全国光学设计大赛，此项赛事邀请了国际著名光学软件制造商提供赞助，邀请了国内顶尖专家作为大赛的组委会成员。从命题、组织、参赛、提交作品、评审、公布获奖名单、颁奖典礼等均参照了国际大赛的模式，整个赛事得到了专家和参赛选手的高度评价"很多学员对我们杂志社敢于创新性的举办此类大赛并

且高水平的成功举办表示惊讶"。

出版"光学设计"专刊。配合光学设计大赛及光学设计大赛期间优秀的设计成果,上海光机所人教处和期刊编辑部积极配合,出版"光学设计"专刊,邀请行业专家解读光学设计赛题,分析设计思路,并刊登优秀设计案例。这一专刊为学员长期学习提供了一份宝贵的资料。

(4)贴心的后勤服务,提升培训服务水平

上海光机所从整个培训的宣传、招生、接待、组织、反馈等各方面建立了标准化的操作流程,并建立以服务为宗旨的办班原则,增加学员的互动。当我们为对方提供了满意的服务,他们就会有更多的与我们进行互动需求,这就会成为我们未来竞争优势的关键。我们给学员留下的美好体验会决定我们的品牌形象,并直接决定他们的品牌选择倾向。

讲习班期间,培训班工作人员积极为学员购买返程票,贴心地准备雨衣等,感动了学员;与此同时,工作人员从授课时间、交流互动、硬件环境、培训接待等服务环节进行了提升,为学员营造良好的学习氛围,让学员无后顾之忧,安心学习。

(素材提供人:中国科学院上海光学精密仪器研究所 段家喜)

案例小结 科研院所的培训资源主要体现在学科优势和人才优势。在资源开发利用中充分发挥资源的社会辐射效应,更紧密的将高端技术培训与经济发展、行业需求结合是未来培训资源发展的重要趋势(赫尔曼·阿吉斯,2008)。上海光机所以打造光学培训品牌,拓展新的培训方向,对所内外培训资源进行整合,致力于培养高端创新性实践人才,在尊重教师主导作用的同时,更加注重培育学员的主动精神,鼓励学员的创造性思维。遵循市场化需求,技术培训以职业发展为导向,立足岗位,紧紧围绕岗位技能提升,通过技能竞赛、导师带徒等赛训结合的方式，以全员参与的形式打造一支高素质的高技能人才队伍。不断拓展资源渠道，重视学员技术科学发展和工程实践能力的培养，提高把科技成果转化为工程应用的能力，满足学员多元化需要。建立培训交流平台，重视理论与实践相结合，培养学员的创新精神和能力，覆盖光学培训的课程产业链。通过培训，使广大科技人员不断掌握新知识新技能，不断提高进行科技创新的素质和能力。上海光机所正以上海为基地初步建立光学设计、光学检测的培训标准和职业标准，以高端培训引领行业和学科的良性互动，共同发展。

5.4.3　案例 18

融合内外部资源，建立自身资源利用体系

中国科学院电子学研究所（简称电子所）主要关注于高技术产品研发，科研领域众多、产品类型繁杂，职工学历高，实践经验少是电子所的主要特点。针对自身特点，充分发挥培训在人才队伍建设中的基础性和先导性作用，是电子所多年培训工作努力的方向。

（1）明确培训工作定位，建立完善培训体系

电子所以"微波成像技术、微波电真空技术"两大支柱领域和"地理空间信息系统、电磁探测技术、高功率气体激光技术、FPGA 芯片技术和 MEMS 传感器技术"五个优势领域，两个国家级重点实验室、3 个院重点实验室和 5 个高技术工程研究部门为依托，产品应用领域涉及航空、航天、舰载、军品、民品，各类标准及设计要求繁杂；从产品性质看，既有大型综合应用系统如牵头国家重大专项-航空遥感系统，又有器件级的任务，如大规模集成电路设计，微波电真空器件，微系统与传感器等。

电子所的产业结构逐步从实验室独立科研向标准化、系列化产品研发转变，各职能部门根据科研工作需要，不断细化规章制度及工作流程，引进各类标准规范，使科研产品符合相关质量要求。确保职工

的能力和意识能够胜任岗位要求，使各类职工接受相关岗位所需的教育和培训、掌握相应的技能，并熟练应用这些知识和技能，是电子所培训工作的目标和定位。

根据多年开展培训工作的实践，电子所逐渐明确了职工培训的途径、架构及工作重点，通过搭建外部培训、所级培训、部门级培训和网络自学互为补充，完整有效的培训平台。建立了具有本单位特色，适合自身发展需要的培训体系。并且结合质量体系要求，规范对培训的过程管理，培训工作与研究所的质量管理、项目管理、人力资源管理等有机结合起来，促进职工对培训工作的认同感，提高职工参与培训的积极性和主动性。使培训真正成为职工能力和意识满足岗位需求的一条重要途径。

外部培训。外部培训一般包括管理类如项目管理，人力资源管理，财务管理，质量管理知识和专业技术类如可靠性培训等。这类培训对研究所来说，受众面较小，专业性较强，由社会上具备相应资质的培训机构组织培训，电子所根据工作需求安排相关人员参加；参加培训人员须经过部门负责人及培训主管审批；培训结束后根据培训的内容须提交考试成绩、结业证书等书面证明材料，并视情况对相应岗位的职工进行分享。其中，培训费用超过 5000 元的，须签订培训协议。

近两年，为提高中层领导干部的管理水平，电子所为中层干部购买了提升管理能力的培训课程，定期组织他们选学，这种方式较好解决了工作与学习矛盾，受到大家的普遍欢迎。

所级培训。所级培训包括质量管理、技术工种、通用技能、岗位技能培训等各部门通用的岗位技能类培训，由电子所人事教育处统一组织，相关职能部门配合，各部门报名或指定人员参加；人事教育处每年年初根据职工的培训需求并结合职能部门的工作计划制定年度培训计划，并按计划组织实施。每年年终统计各类培训情况，并持续改进。同时，针对重点人群如新职工及中层骨干，人事教育处每年均安排 1～2 期的综合类培训，提高相关技能，快速适应岗位需求。

部门级培训。部门级培训一般包括岗位技能、专业知识、保密安全，开展部门培训及交流研讨等，这是电子所培训的主要组成部分，由于电子所各部门的专业方向及工作特点各有侧重，涉及领域众多，为提供更加有针对性的培训和学习，加大知识共享和内部交流，一般由本部门组织各类专业技术培训。人事教育处通过年初收集、审核并发布部门级培训计划，年中进行检查，年末汇总部门培训数据并提交部门年终考核委员会等相关流程实施有效管理，保证部门级培训的自主开展和有效施行。

为充分利用部门的培训资源，进一步加大知识共享和学科交叉，为更多职工提供所内相互学习的机会，人事教育处在所内公开部分部门级培训课程，并给予组织和培训费用支持。

网络自主选学。为解决职工培训的时空矛盾，为更多的职工提供培训服务，近年来电子所尝试开展网络培训工作，网络课程一般包括基础管理理论和实用知识，以及所级培训课程等，对所内职工开放，由职工自主选学，人事教育处对职工学习情况进行监督和统计。

（2）完善制度加强管理，充分利用培训资源

电子所拥有一支年轻化的科研、管理队伍，对知识和经验的积累和传承尤为重要，急需大量有针对性的培训，虽然每年平均组织 20 多个所级培训，但仍不能满足职工日益高涨的培训需求，必须采取各种措施，最大化地整合各类培训资源，并进行有效管理，使职工有机会得到自身最需要的培训。

完善培训制度，注重资源积累。各类培训均为职工培训的有效途径，人事教育处陆续发布了不同的管理文件，明确培训管理办法，并且逐步加强管理和引导，让培训真正发挥作用，同时也有利于培训资源的补充和积累。

近几年人事教育处发布了以下相关文件及规范：《中国科学院电子

学研究所在职职工学历学位教育管理办法》《中国科学院电子所持证上岗人员管理暂行办法》《部门及正职领导考核评价办法》等，并拟订了所级培训组织三层次程序文件及部门级培训三层次程序文件，规范了两级培训的组织流程。有效保证了部门级培训的数量，并逐渐使过程管理规范化、制度化。

加强过程控制，提升培训质量。对于所级培训，进行严格的流程管理。年初进行需求调查，制定并发布所级培训计划，各部门结合所级培训计划并根据本部门实际需求，制定部门级培训计划，人事教育处负责组织所级培训并监督部门级培训的实施，并负责培训年终总结。

人事教育处根据培训内容的不同，对培训进行分类（分为培训、宣贯、讲座等），并根据培训的类别不同选择不同的培训流程，一般所级培训的组织过程如下：给协办部门发放培训协调表进行培训的前期沟通，填写培训项目计划书（如培训内容及时间变更须填写培训计划变更表并审批）；给受训部门发放培训报名表报名或指定相关人员参加；发布正式培训通知；培训现场组织；培训结束时现场进行讲师及组织工作的有效性评估，对培训的效果进行评估；发布培训简讯；培训情况反馈及补考通知，培训工作总结，职工培训档案记录，更新培训合格证。

培训流程的规范在所内逐渐形成了严肃认真的培训氛围，也使职工更重视培训工作。

实行培训登记，保障培训实效。电子所自 2003 年起，为职工建立了培训档案，包括所级培训档案，外部培训档案，学历学位培训档案，持证上岗培训档案等，对职工接受的培训进行登记，并为职工持证上岗资格等提供必要的数据记录。每年年底结合年终考核情况，相关培训统计数据会反馈给职工和部门，以利于进一步开展下一年度的培训工作。

提供培训课程及信息，充分挖掘和利用外部资源。开阔视野、充分利用社会资源，加大学习和交流。培训主管或部门培训负责人会收集社会上培训信息并在内部发布，由职工根据自身需求选学，人事教育处进行审批并跟踪监督，做好信息登记。加强外部培训资源利用，有效满足了职工个性化、多样化的培训需求。

（3）挖掘自身优势资源，做好内训师队伍建设

所级培训及部门级培训作为电子所职工培训的主要途径，也是职工参与度最高的两种培训形式，数量很大，参与人数众多。培训内容主要集中在岗位技能、通用技能及专业技术培训，这些内容与研究所自身科研工作和学科特点紧密相关，外部培训老师一般对所内科研、管理现状不太熟悉，仅讲解企业常见的问题，很难与电子所实际工作结合起来，培训效果不明显。

经过几年的探索与尝试，电子所开始将工作重点转向培养自己内部的培训师，充分利用自身资源进行知识和经验的传承。

制度建设。电子所自 2009 年发布了《中国科学院电子学研究所内部培训师制度试行办法》，明确了内部培训师主要职责、内部培训师的基本条件、选拔与聘用、发展通道、课酬规定、内部培训师的管理和考核等，鼓励、吸纳所内优秀职工发展成为电子所内训师。

内训师选拔。根据培训课程需要，电子所首先确定具备相关知识和能力的科研管理人员为后备讲师，选择标准一般从专业技术职务、岗位级别、从事本岗位工作时间，以及平常岗位竞聘、学术讲座中的语言表达能力等综合评价，认定有讲课资格的人员，可受邀请对电子所职工进行培训，成为内训师。如果前期综合评价较低，无培训经验，或讲课效果不理想，但又暂时无其他可替代人选，则由人事教育处组织由人教处处长、培训主管、职工所在部门负责人、职工代表组成内训师考核评价小组，对后备讲师的讲课 PPT 及试讲效果进行评估，提出改进意见，再次通过评估后方能成为内训师。

经过三年多的实践和改进，电子所已逐步发展了近 30 位优秀的培

训师，包括职能部门负责人、研究部门学术带头人、青年科研骨干、青促会成员、离退休老科协成员等。他们在我所各类培训、科普、讲座中发挥了很好的作用。

新职工职业生涯指导顾问。作为内部培训师的一个有机组成部分，电子所于2009年发布了《中科院电子所新职工职业生涯指导顾问制度试行办法》，为每一位新入职职工配备一名职业生涯指导顾问，自新职工入职3~6个月内，由职业生涯指导顾问充分发挥"传、帮、带"的作用，使新职工迅速转变角色，快速融入集体、熟悉岗位工作，辅导期结束后由新职工、部门负责人及人事教育处对指导顾问的综合表现进行考核评价，并组织座谈会进行交流。

内训师在电子所培训工作中承担了主要的培训任务，提高了培训的有效性及其针对性，培训成本大大节约，也给优秀的科研、管理人员提供了锻炼的舞台，增加了科研管理骨干的荣誉感和责任感，更好地调动了所内职工的培训积极性，取得了良好的效果。

经过多年的积累和管理，电子所已形成较为完善的培训管理和组织体系，积累了一定的培训资源，也培养了一支高素质的内训师队伍。从历年培训情况上来看，所级培训次数平均每年约25次，参训职工约1500人次，所级培训覆盖率65%左右。部门级培训组织约一百六十多个，约有职工3000人次参加。部门级培训组织次数不断提高，参训人次及人数也呈不断增长趋势。每年约有80位职工申请参加外部培训。

（素材提供人：中国科学院电子学研究所 王永）

案例小结 培训资源体系建设是资源利用的重要组成部分，是研究所开展培训资源调配和利用的流程和框架，对于提高培训资源使用率，促进研究所战略的实施具有积极的推动作用。体系建设与研究所的战略紧密联系，具有鲜明的学科特征（吴明其，2012）。电子研究所结合本单位科研和管理工作实际，根据自身人才队伍建设需要，充分挖掘和利用优势培训资源，有效整合研究所内部不同培训层级，实施各具特色，互为补充的专项技术和通用技能培训，形成了覆盖不同层级、不同岗位职工多样化培训需求，有利于研究所人才队伍持续和健康发展的培训体系。

参 考 文 献

迟巍 . 2007. 人力资源经济学 . 北京：清华大学出版社

赫尔曼·阿吉斯 . 2008. 绩效管理 . 刘昕，曹仰锋等译 . 北京：中国人民大学出版社

刘利众 . 2004. 论农业银行培训资源的整合 . 中国农业银行武汉培训学院学报 . 6：61-62

钱振波 . 2005. 企业外部培训资源的选用和管理 . 中国人才，6：48-49

吴明其 . 2012. 领导与管理：中国科研院所科学管理的理论与实践 . 北京：科学出版社

第六章　培训项目开发

　　培训项目是针对特定人群、选取特定的培训内容、采用适当的培训手段、具有明确培训目标的培训活动。培训项目包括培训目标、课程设置、教材选定、教师聘任、具体实施、考试测评、效果反馈等诸多要素。培训项目设计和开发，就是将确定的培训需求转化成培训目标，围绕培训目标设计培训内容，开发培训课程、培训教材等系列过程。培训项目开发是整个培训活动的重要环节，是将组织开展培训的基本意图与期望通过项目设计转化或具体的实践。项目开发的好坏直接关系到培训活动的成败。

6.1　培训项目开发的基本模型

　　培训项目开发基本模型，由项目开发的流程以及流程中每个阶段的目的和任务构成。图6-1是培训项目开发的基本模型，直观地反映了培训项目开发应该遵循的步骤，以及每个步骤中要重点考虑的问题和需要防范的注意事项。

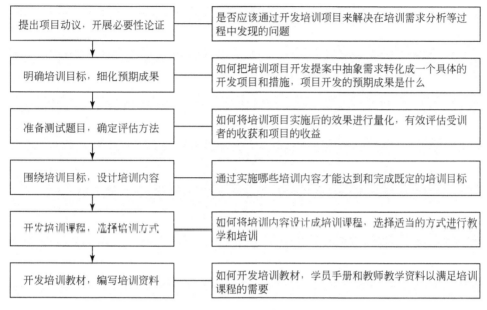

图 6-1　培训项目基本开发模型

6.1.1　培训项目开发流程

　　培训项目从决策、设计到改进，是一个逐步建立和完善的过程。项目决策是通过对培训需求的收集、分析和确认做出的培训必要性决策。通过收集培训需求信息，结合组织的工作分析、绩效分析、任务分析和人员分析的结果以区分需求的真实性和层次性。通过明确个别需求和普遍需求，个人需求和组织需求，当前需求和长远需求等，最终得出对哪些岗位什么人进行什么样的培训项目开发。

　　项目设计是在项目决策的基础上，对项目的目标和内容的组织实现过程进行的系统性设计。通过明确培训方向和培训过程中各个阶段应达到的目标，确定培训内容的范围和顺序。遴选培训讲师，组织培训课程教材和相关资料的编写，选择适应培训活动和培训方法的模式，确定相关的教学策略。

　　项目改进既包括在培训项目的设计过程中对前一个环节中的具体

因素进行的改进，也包括同一个培训项目在多次实施过程中的改进。项目设计过程中，最重要的改进环节是在培训讲师遴选确定以后。在具体的培训课程和培训讲师确定以后，培训讲师就必须要参与到项目的进一步设计和已确定内容的改进中来。

培训项目从决策确定到设计改进，整个流程包含了6个主要阶段。第一阶段是培训项目开发动议的提出，以及对该动议必要性的论证。第二阶段是明确培训目标，细化培训的预期成果。第三阶段要结合预期成果，确定对培训效果的评估方法，准备为检验受训者接受培训后取得成效的测试题目。第四阶段是围绕培训目标，设计培训内容。第五阶段是根据培训内容，开发培训课程，选择课程培训方式。第六阶段是根据培训课程需要，开发培训教材、编写培训资料。

6.1.2 目的与任务

培训项目开发流程中的不同阶段都有其特定的目的和需要完成的工作。这些环节环环相扣，前一个环节完成的好坏对后一个环节的设置影响很大。每个环节设计是否能够反映真实的情况决定了培训项目实施的效果。

第一阶段主要是根据培训需求分析的结果，对培训项目的必要性进行分析论证。科研院所的培训项目开发动议的提出主要有3个途径。①领导指令开发，研究所或部门领导根据组织发展的需要，或是在实际工作中发现组织运行中存在的问题，要求培训部门从培训角度去思考解决问题的办法，或直接提出培训的要求，由培训部门落实。②培训部门根据自身对研究所的现状调研，进行培训需求分析预测，主动提出开发相应的培训项目。③其他途径要求开发，如研究所职工、课题组或某一职能部门提出相应的培训需求，建议进行开发。不论是哪个途径提出的培训项目开发动议，都是基于工作和管理等过程的直观感受。这些培训项目是否必要，必须结合培训需求进行分析和预测，甄别出能够通过培训加以有效解决的现实中存在的问题。通过分析组织自身条件和外部的环境与机遇，职工人员素质等组织的内外部情况，论证培训项目能够在多大程度上解决组织现存问题及未来需求的不足。经过充分论证后，对有必要开展培训的，形成正式的培训项目提案。

培训项目提案一般包括 6 个部分：①项目名称，②培训目的，③目标人群，④任务说明，⑤经费预算，⑥预期成果。研究所新进人员所情教育项目的培训提案如表 6-1 所示。

表 6-1　研究所新进人员所情教育的培训提案

项目名称	××研究所新进人员所情教育培训
培训目的	提高新进人员对研究所的历史、管理制度的认识
目标人群	2011～2012 年新进人员及 2009 年后未参加新进人员培训的职工
任务说明	开展所情教育，学习研究所的相关制度
经费预算	3 万元
预期成果	通过培训，增强认同感，让新进人员快速适应环境

第二阶段要明确培训目标，细化培训的预期成果。培训目标和培训项目开发提案中的培训目的有所不同。培训目的是进行项目开发设想时，初步形成的一个目的性的预期，培训目标就是要将这个较为笼统和模糊的目的进行规划化并准确具体地表述出来。在明确培训目标后，要对照培训目标，细化培训的预期成果。

第三阶段主要考虑的是如何量化培训的成效，检验培训成果。既要准备测试受训者在经过培训以后的学习收获情况，同时也要综合设计出对整个培训流程的运行效果进行有效评估的方法。

第四阶段要结合培训项目的背景、现实中的培训资源等各种情况，划定培训范围，设计出相应的培训内容。

第五阶段主要通过开发具体的培训课程来实现培训内容。这个阶段相对来说对培训的最终效果影响最大。培训课程开发的好坏、培训方式选择得是否适当直接影响到培训效果。

第六阶段是针对每个培训课程，有选择地开发出相应的培训教材。同时结合培训内容，开发出适合教学和自学的学员手册和教师手册、辅助资料等。

6.2 科研院所培训项目开发的特点

6.2.1 以自主开发为主

科研院所的培训项目开发与其他企事业单位比较，有一定的相似性，但又有其特殊性。培训项目开发的形式有外包开发、合作开发与自主开发。外包开发是指培训部门提出培训需求由外部培训机构来进行项目开发。合作开发是指选择合作方共同进行培训课程、教材等培训要素的开发，培训部门主要负责项目管理及过程监控等工作。自主开发是指以单位培训管理人员为核心开发人员，对项目的整个流程进行项目开发的活动，这种模式对培训人员要求较高，既要具备一定的培训管理经验，同时也需要掌握人力资源开发的基本理论知识和项目开发技巧。

由于科研院所的工作性质、运行模式、人员结构等不同于一般的企事业单位，其对知识技能和技术方法的培训需求要求更具专业性、前沿性和创新性，因此能够承担科研院所特色培训的社会培训资源显得十分匮乏。科研院所的培训中，培训对象整体基数小，相对共性的培训内容少，愿意从事科研院所培训项目开发的社会专业培训机构相对更少。科研院所从外部培训机构很难采购到合适的培训资源。因此，科研院所的培训项目开发，无论是从培训内容设计、培训科目建设、培训师资培养等都需要加强对内部资源的挖掘，注意采用自主开发或以我为主的合作开发。

6.2.2　突出系统性

科研院所的培训项目开发尤其强调系统性。这种系统性表现在 3 个方面。

首先，在培训项目开发时，要充分考虑到培训项目与继续教育项目、培训项目与培训项目之间的衔接与配合。科研院所的培训项目开发并不等同于一般企事业单位所进行的培训课程开发。科研院所的培训项目是整体培训规划和培训计划中重要的组成部分，是实现培训整体目标的具体承担者。在项目开发时，必须要评估单一项目在整体培训计划中的作用。

其次，科研院所的规模和内部结构不同，很多研究机构有多重层级。由于科研工作和科研管理的特殊性，很多培训课程都要自主开发。在培训项目开发中，对于不同层次的培训，培训内容和课程的设计要考虑层次间的衔接性。

另外，对于同一个培训目标，要按照不同的级别和岗位来设置项目内容。不同的培训对象，由于其自身的基础不同，所从事岗位的要求不同，对实现同一培训目标的要求也不相同。

如针对科技成果转移转化工作所开展的培训项目设计，就需要科研机构自主开发。科技成果转移转化工作在研究所层面，和这项工作有关的人员包括了所领导、科技管理人员、科研人员。就提升科技成果转移转化能力这一培训目标来说，由于培训对象不同，内容设计也要不同。而整体上能力的提升又需要培训对象整体能力的提升，因此培训项目要从培训对象的整体上进行设计。

针对科研管理人员与科研人员的培训内容设计上的侧重点就不同，科研管理人员要提升的是如何将已有的科技成果转化出去的能力，而科研人员要提升的是如何结合市场需求进行科技研发的意识。就所领导这一培训对象来说，内容设计也是不同。一般在研究所中，科技成果转移转化工作都是由分管领导负责的，但这项工作要取得成效还需要研究所主要领导重视和支持。因此在培训项目的对象确定上，不仅要对具体分管领导开展提升实践工作能力的培训，还要针对主要领导设计有关提高思想意识方面的培训。

6.2.3 注重长期性

培训项目开发注重长期性是指科研院所在自主开发项目时，要考虑项目的可持续性。培训是一项长期性的工作，不能头痛医头脚痛医脚。科研院所的培训项目大部分都是自主开发，一个培训项目能够被成功开发，实施后能够取得良好的培训成效是要耗费大量的人力物力的。在科研院所培训主管人员较少、培训经费有限的现实情况下，必须要从长周期的角度进行培训项目的策划。

科研院所的培训项目开发，除了考虑到培训的针对性、专一性，还要兼顾长期性、可持续性，这样才能为自主开发的培训项目质量的不断提高奠定基础，陆续推出精品培训项目。因此，在培训项目开发过程中，尤其要注意做好项目开发档案的填写和记录工作。对项目开发过程中的每一个步骤、每一个环节都要清楚地进行记录。项目开发档案和文字记录可以为下次改进和后续培训管理人员二次开发提供依据和帮助。

6.3 科研院所培训项目自主开发的模式选择

6.3.1 "集群模块型"培训项目开发模式

在培训实践中，"集群模块型"是很多培训机构和高校的继续教育机构所广泛采用的培训项目开发模式。这种模式借鉴了 MES（Modules of Employable Skill）模块式技能培训法和 CBE（CompetencE- Based

Education） 以能力为基础的教育模式，根据市场经济的特点和成人学习的内在规律，将培训项目中的课程以模块的形式开发出来。

"集群模块型"培训项目开发中的课程分为基础型和特定型两个部分。基础型课程集合了相关职业所要求具备的知识与技能，这种知识和技能是很多职业都需要的，具有通识性和普遍性特点。特定型课程则专门针对某一特定职位或工种所必备的知识和技能。基础型与特定型课程的相互结合，是共性与个性、系统性与针对性的统一。

"集群模块型"项目开发的指导思想是以职业资格为导向，从职业岗位的需要出发来设计培训内容。在内容取舍上既是重视职业岗位的现实需要，又重视职业岗位的未来发展。它以提高受训者的素质为目标，既强调通用型知识与技能的传授，又强调特定岗位知识与技能的培养。

这种模式被培训机构所广泛采用，其最大的优点在于基础型课程的开发受到培训对象的制约很小。"集群模块型"项目开发中的培训需求分析和课程分析包括了职业岗位分析和培训对象分析两个方面，以职业岗位分析为主。职业岗位分析包括了通性分析、职业分析、职责分析、任务分析等从宏观到微观一系列分析组成。这样培训课程的开发就可以建立在对某一职业的胜任力模型的研究上。但需要开展培训时，或实施某一特定的培训项目时，就可以根据培训目标，将已经开发好的相关课程进行组合，完成培训项目的开发。

6.3.2 "需求导向型"培训项目开发模式

"需求导向型"培训项目开发模式以系统思考的法则为基本原则，把项目开发看作一个系统的、综合的过程，注重对培训对象的培训需求分析，对培训项目的目标、内容、方式和方法、时间安排等进行整体规划和设计，在此基础上形成具体的培训课程实施培训，并对培训成效进行评价的整个过程。

"需求导向型"强调加强培训的针对性，尊重成人学习的特殊性，培训课程开发采用系统性的方法。这种模式在企事业单位的内部培训项目设计中被广泛采用，大大地提高了成人学习的有效性和实用性。"需求导向型"模式强调了以学习者的需求为导向，在一定程度上忽视了满足社会需求和组织发展需求。

6.3.3 科研院所培训项目开发模式选择

科研院所培训项目以自主开发为主的情况决定了在项目开发上，既要采用"集群模块型"，又要采用"需求导向型"。具体哪种类型占主导因素，主要由研究机构的规模大小决定。这两种类型只是侧重点不同，在具体项目开发上，还是遵循一般的内容设计和课程开发的规律。

从职业分类上来说，科研院所的职工群体主要分成三类，一类是从事科学技术研究和开发的人员，称之为科研人员，一类是从事单位日常行政管理工作的人员，称之为管理人员或行政人员，一类是负责单位科研设备运行和后勤保障的人员，称之为支撑人员或保障人员。在进行培训项目开发时，从科研机构对全体职工或大部分职工的职业需求出发，对通识类、普遍性的培训课程可以采用"集群模块型"模式开发。对于同一类人员，如科研管理人员的科研管理能力的培训项目，如果研究机构规模较大，这类人员较多，也可以采用"集群模块型"模式预先开发出若干课程。如果人数较少，就根据实际培训需求，采用"需求导向型"模式进行培训项目开发。

如中国科学院所级领导科技成果转移转化培训项目的开发模式的选择，培训对象是研究所分管科技成果转移转化工作的领导。培训目的包括提高对科技成果转移转化工作重要性的认识；更新科技成果转移转化工作相关领域的学科知识；提升科技成果转移转化工作实际领导能力。为实现以上项目培训目的，从组织需求和岗位要求出发，对科技成果转化工作从意识层面对其重要性进行宣贯，统一思想。从岗位要求出发，对从事该项领导工作应该具备的知识和能力进行归纳分析。对通用性的培训课程采用"集群模块型"为主的开发模式。对个性化要求进行问卷调查，了解特殊情况，采用"需求导向型"的培训方法予以辅助。

6.4　科研院所培训项目自主开发的条件

6.4.1　加强人力资源研究，提高项目开发能力

　　培训项目开发的整个过程就是发现问题、解决问题的过程。自培训项目开发的动议提出，培训项目的内容策划、课程设计、教材资料开发等一系列后续流程都是建立在培训需求分析和对单位能够掌握和使用的培训资源基础上。科研院所的培训开发以自主开发为主，这就要求项目开发人员对所在单位的人力资源情况有正确的认识和清晰的判断。因此科研院所培训项目开发必须要建立在人力资源研究上，要对单位中的人员情况、培训资源情况等开展研究。

　　对单位人力资源整体情况的分析和掌握，是培训项目开发的基础。科研机构的科研人员、管理人员和支撑人员3个群体的岗位要求、能力要求等各不相同，要分别分析这三支队伍的专业及其技术技能结构、层次结构特点、智能结构及心理素质和群体的综合胜任能力要求等情况。在此基础上，对照各岗位的岗位要求说明书，准确把握并运用个体素质分析的要素和方法，结合职工学历水平、职业资格水平以及日常工作表现，提取职工个人的个性潜能及人格特质。有条件的单位，培训主管部门应该为每位员工建立培训台账。

6.4.2　注重培训项目开发者能力的提升

　　自主开发要求培训者必须要一专多能，善于开展培训的组织和设

计。提高培训管理者和培训项目开发者的能力，科研院所必须要大力开展培训培训者活动（training the trainer，简称"3T"教育）。只有培训管理者的能力提升了，能够熟练掌握人力资源开发的理论和培训项目开发的方法，科研院所才能够开发出满足组织需要的培训项目。

科研院所要提高培训项目自主开发能力，不仅要提升培训管理者的专业能力，还需要建立由研发人员组成的专业化研发团队。科研机构中的专业分工较多，专业程度较深，在针对特定专业的培训项目开发中，既需要培训管理者具备人力资源管理和培训项目设计上的专业能力，也需要有特定专业的专家人员参与。

在专业性很强的培训项目开发中，培训项目开发者还须邀请研究机构中的学科专家参与，掌握与相关专家合作开发培训项目的能力和技巧。首先请学科专家设计课程大纲，包括课程的学习目的、课程内容、达标要求等，根据实际情况适时组织该学科领域的其他相关人员进行集中讨论或个别意见交流。在此基础上，培训开发者和学科专家共同创建课程框架，遴选培训讲师，继而逐步开展后续工作。

6.4.3 培训项目开发资料库建设

培训项目开发是建立在对各种信息材料的分析基础之上的。培训部门掌握的材料越多，可开发借鉴的内容就越多，可采用的培训方式方法和可利用的培训师资等资源也越多。根据信息材料在培训项目开发过程中的作用把信息分为依据性、条件性和主体性三类。

依据类信息是指培训项目开发的依据，包括项目开发的必要性、理由，项目开发的可行性，组织目标与组织预期，培训时机，培训对象的基础能力与学习兴趣等。条件类信息是指培训项目开发时可以利用的各种条件，如培训师资、培训经费、培训设施、培训场地、培训设备、工具、教材等。主体类信息是指培训项目开发时项目本身所需要的信息，包括培训目的、目标，培训对象、培训内容，培训时间，培训地点，培训规模，培训方式、方法，考评方式等。

培训项目主管要掌握各种信息和材料搜集的方法和技巧，广泛开展信息搜集工作。通过查阅各种文献资料、单位各部门的台账以及工作记录获取培训需求信息，提升培训工作能力。通过开展调查研究、经验交流活动，召开座谈会、面谈、问卷调查等方法获取总结材料和相关信息。培训项目主管还可以通过参加单位或部门主办的各类活动获得信息。在搜集与培训项目开发辅助信息时应注意甄别，要搜集有用的，不要无关紧要的；要搜集鲜活的，不要过时的；要搜集具体的，不要笼统的。在信息材料收集以后要分门别类进行整理，对每一个有效信息要做好文字资料整理，注明信息搜集的时间、途径、方法、收集人等。

把信息提炼成文字材料时，要做到内容全面、突出重点、建议可行、表述准确，具有较大的参考价值。对信息材料的使用必须实事求是，不能主观想象、臆测来杜撰材料，必须要经过科学加工，做到"去粗取精、去伪存真、由此及彼、由表及里"。同时对形成的文字材料还必须进行评估。

6.5　科研院所培训项目自主开发的关键环节

6.5.1　确定培训项目的目标

培训项目目标反映了项目开发者对受训者参加培训要达到什么效果的基本意图和期望。项目目标是确定培训内容和培训方法的基本依据，只有明确了目标，才能进一步确定为实现目标而采用的方法。如果培训项目的开发没有明确目标，则无法组织培训需要的素材，进而无法选择合适的培训方式，培训的针对性和有效性更无从谈起。

培训项目目标的确定也是对培训项目实施效果开展评估的主要依

据。衡量一个培训项目开发的好与不好，项目实施效果有多大，就是要看最终的效果在多大程度上实现了项目目标。项目目标在培训项目实施过程中，对于教师和受训者也具有引导作用，可以让他们在教与学的过程中带着明确的目的去进行。

培训项目目标就是培训项目的开发者和组织者希望通过培训项目的开展要达到的目的。因此项目目标要明确、具体地阐述清楚受训者在接受培训后能够达到的能力高度或是应该表现出来的行为改变。

项目目标可以是文字性的表述，也可以是文字、符号、图画、图表等相关表意性形式的组合。无论是何种表述，都要清楚地指出受训者应该从培训中取得什么样的成果。准确和具体的将项目目标表述出来是十分困难却又极其重要的工作。一个表述模糊、效果界定不清的目标不可能有效引导受训者的行为，也不能指导项目开发者的后续工作。因此，在项目目标确定过程中要反复推敲、检查和修正，保证表述的规范性和有效性。

6.5.2 培训内容的策划和设计

培训内容需要紧紧围绕项目目标来进行策划和设计。实现一个目标可以有不同的措施和手段，通过实施不同的培训内容而达到。在开展内容策划时，要做到因人因事因时。

因人，就是要加强培训的针对性，结合具体的培训对象来确定具体的培训内容。如针对提高科研工作的管理能力这个同一培训目标，研究所所级领导和中层干部由于统筹管理的范围和类型有区别，则培训内容设置上也应有所不同。

因事，就是要充分结合培训资源来设计。科研院所的培训内容大部分都要结合本所能掌握的培训资源来设置。如果在设置培训内容时，不顾现实情况，设计出的科目往往没有合适的师资、设备来完成。

因时，就是要结合最新的理论、技术、研究成果等来设计，加强培训的时效性和新颖性。科研院所是知识更新的前沿阵地，就培训内容来说，一定要紧跟知识的创新和技术的进步。在培训方法和培训手段上，培训开发者也要跟踪人力资源研究新的突破，积极采用新的、有效的培训模式和方式。

　　培训内容设计是围绕项目目标，划出培训的范围。真正要实现所设计的培训内容，还需要根据设计的培训范围，制作出相应的培训课程。项目目标通过一系列的课程内容的教学和练习转化成最终的培训成效。培训内容之间要有相关性和衔接性。通常为了实现一个具体的培训项目目标，要设计出若干培训内容，这些培训内容又需要安排几个单元的培训课程来实现。如图 6-2 所示的培训项目自主开发程序，反映了项目开发各环节之间的衔接关系。

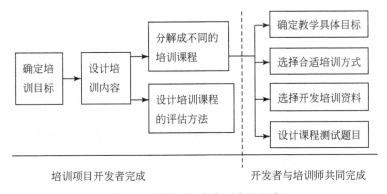

图 6-2　培训项目自主开发的程序

　　要结合培训资源，选择培训方式。在内容设置时，要整体考虑，结合所能掌握和使用的培训资源，选择适当的培训方式。如果开始在内容设置上过于理想，就要在培训项目实施过程中根据实际情况进行不断修正和调整。培训内容的最终确定要建立在对培训课程开发难度、培训方式选择余地等充分考量评估的基础之上。

　　培训内容设计还要结合培训流程，设计效果评估。虽然对培训效果的细化和量化工作，在培训目标确定以后就要开始设计，但是对培训整体效果评估的方式、方法，测试受训者培训收获的题目都要在培训内容策划过程中不断修正完善。

　　培训过程是一个系统进程，这个进程中的每个步骤对保障培训效果都至关重要。在培训内容设计上必须强调整体性，利用系统论的方法进行策划和设计整个培训过程。

6.5.3　培训课程开发

　　培训课程是整个培训项目中的核心。一个好的培训项目，目的应该十分清楚，项目目标准确、具体，培训内容相互衔接。这一切都需要培训课程来具体的实现。一个培训项目由不同的培训课程所组成。培训内容设计时考虑的是课程与课程之间、课程与整体目标之间的关系。而培训课程开发关注的是确定主题的单一课程开发。

　　一个培训课程包括了课程的整体描述、课程的教学计划、时间安排、课程教材、培训讲师、培训方式、课程资料、测试和评估材料以及其他所有的培训资料，这些因素从整体上构建了一个培训课程，培训课程的开发也需要从这些方面逐一展开，这些因素设计、开发得好，将为培训实施打下最坚实的基础。

　　在培训课程开发的初期，要对课程有一个整体性的描述。整体性的描述要包括培训项目的名称、具体的课程名称、受训者需要具备的基础、课程学习所实现的培训目的、课程的时间安排、教学计划、培训讲师需要具备的条件、培训方式和培训场地的选择、课程需要的资料和设备等。如表6-2所示的是对所级领导科技成果转移转化高级培训项目中高技术产业风险投资的课程整体描述。

表6-2　高技术产业风险投资的课程整体描述

培训项目名称	所级领导科技成果转移转化高级培训
课程名称	高科技产业风险投资
受训者条件	具有科技成果转化工作的实际经验

续表

培训项目名称	所级领导科技成果转移转化高级培训
课程教学目的	1. 了解风险投资的基本概念和基础知识 2. 了解国内国际风险投资在高科技产业化过程的作用和做法 3. 掌握在进行科技成果产业化过程中利用风险投资的途径、方式及注意事项
教学计划及时间安排	1. 自学阶段为 2 个月，掌握风险投资的理论知识 2. 集中授课 4 个学时，重点讲解风险投资的实践做法和相关注意事项 3. 案例讨论 2 个学时，重点剖析高科技产业化过程利用风险投资成功和失败的案例各 1 个
培训讲师	需具备多次开展风险投资的实践经验，表达能力强，理论知识扎实
培训方式	课堂教学
培训场地	室内，较大的会议室或教室
资料和设备	室内教学设备，包括电脑、投影仪、黑（白）板等；教材、案例讨论材料

　　当一个培训课程的整体性描述完成后，就需要进行培训讲师的遴选。根据培训课程的内容，从单位内部或者外部进行讲师的遴选。培训讲师确定以后，培训项目开发者要和培训讲师一起，对先期做出的课程描述进行更深入的修正和完善。

　　在修正和完善过程中，尤其在教学计划和培训方式的安排和选择上，要充分与培训讲师进行沟通，尊重培训讲师的意见。在教学计划和培训方式确定以后，对相关的培训辅助性资料和设备要及时确认。需要完善的因素及需要重点考虑的内容如表6-3所示。

表 6-3　项目设计需要完善的因素及重点考虑的内容

需要完善的因素	修正和完善需要重点考虑的内容
教学计划	课程教学需要划分成多少个单元？ 每个单元包括哪些具体的教学内容？ 教学单元中的时间安排？ 教学内容的前后顺序和如何相互衔接？
培训方式	不同的教学单元应该采用哪种培训方式？

需要完善的因素	修正和完善需要重点考虑的内容
受训者的基础	受训者在接受课程教学前应该具备何种基础？
	为了提高课程培训效果，受训者应该提前做哪些准备？
辅助材料	在课程教学过程中需要哪些辅助性的材料或设备？
	课程的培训教材是自主开发还是选购？
	是否需要制作其他的文字资料？
培训环境	是在室内教学还是在户外教学？
	培训教室的大小和内部布置应该怎么样？
效果评估	如何制定测试受训者学习收获的题目？
	如何设计反应课程教学情况的教学反馈表？

6.5.4 培训资料开发

培训资料是培训课程内容的具体表现形式，是依据培训课程的教学目标和教学内容设计和开发的，是培训课程内容和形式的具体化。培训资料包括培训教材、培训手册等，其类型包括文字材料、书籍、PPT、视频资料、音频资料等。

培训资料的选择是培训课程开发中的重要一环，但不是所有培训课程都需要进行培训资料的开发。在很多培训课程中，培训资料既可以从外部组织购买也可以由培训讲师准备。由培训项目开发者进行培训资料的开发一般有两种途径，一是待培训讲师遴选完毕，和培训讲师一起组织人员自行设计开发，二是从外部组织购买相似的培训资料，然后按照培训项目的特定要求进行修改和编写。无论是哪种情况，都要紧紧围绕培训课程的目标和确定的教学内容进行培训资料开发。根据课程目标和培训方式的不同，选择不同的资料类型进行设计，根据课程确定的教学内容规划和设计资料的内容。

在进行培训资料开发时，先要做好统筹规划。培训教材开发的组织工作涉及人员、经费、相关保障条件等方面，是一个系统工程。因此，在开展工作之前，需要有一个统筹考虑，将各个环节考虑周密，并形成计划，尽量避免在工作开始后出现意想不到的问题。

培训项目开发者要进行培训资料的自行设计和开发，不是件容易的事情，必须做到人员落实、任务落实、经费及保障条件落实。要求做到责任分工具体明确，任务落实到人，又要求有关责任者搞好协作，主动沟通配合。

在具体开发过程中，先要根据课程的要求和培训方式的选择，确定培训资料的类型。再根据培训的目的、对象、时间等方面的要求，确定了资料的基本内容结构和资料的基本容量。根据基本框架，确定资料开发的具体责任人，确定时间安排和资料制作要求。

6.6　案　例　分　析

6.6.1　案例 19

"面、线、点"结合的系统项目开发

课题制是我国科研计划实施过程中的基本模式。课题组长是课题负责人与领导者，负责科研课题从项目申请、论证、组织实施、成果申报、科技推广等全过程的计划、组织、领导、控制与协调，在课题研究过程中起着关键的作用。

中国科学院人力资源管理研究会继续教育与培训研究分会在 2009 年针对各类人员培训情况的调研结果显示，课题依托单位、课题组长以及普通科研人员都提出要加强对课题组长的培训。调研还发现，由于一些课题组长的认识、知识结构和能力与角色胜任力之间的差距，导致课题研究过程受阻，甚至少数课题组长因不了解课题经费管理制度导致职务犯罪。

为了适应培训需求，中国科学院人事教育局成立了课题组长培训项目开发组。开发组首先对培训的必要性进行了论证。

开发人员首先对课题组长的工作性质进行分析。在课题组中，科研人员开展研究的特点是建立在分工基础上的合作，科研课题通常需要数人、数十人甚至数百人的合作参与才能顺利进行。课题组长要合理选择课题组成员，并根据各个成员的特长确定任务和分工，确定责任和权利，通过制定科学、合理的内部管理制度提高课题研究的效率。

课题组长要根据课题人员构成情况、课题经费的拨付情况等因素，对课题实施做出规划和决策，对研究进程进行时间管理，合理安排研究经费预算。在研究过程中，课题组长需要随时消除课题组内各种不和谐因素，帮助课题组成员熟悉科研背景及现状，学习并掌握相关的专业理论，解决科研关键与难点。另外，课题组长还要和与课题的关系人进行沟通协调，为课题组争取更充足的资源与更好的科研环境。

在对课题组长工作性质进行分析后，开发组认为课题组长既要控制科研进程，又要实施团队管理，同时还需要协调内外关系，因此必须要掌握多方面的知识，要一专多能，甚至多专多能。在实际工作中，尤其是某一课题组刚成立时，课题组长开始可能仅是学术带头人，在管理课题组的能力上是有所欠缺的。因此，开发人员认为从课题组长自身角色认知、领导力的提升、管理能力的加强几方面分析，课题组长都需要不断进行学习，同时组织也应该积极提供培训机会以满足岗位和任职能力的现实要求。

在论证了培训需求必要性以后，开发组就要确定课题组长培训的目标和培训的内容。开发人员通过对各研究所、课题组成员、课题组长以及课题委托单位的调研，综合运用各种分析工具来进行培训项目开发。

开发组采取两个途径开展工作，即对课题组长特殊情况的调研和对普遍情况的分析。

特殊情况的调研是选取一定数量的课题组长作为潜在的培训对象，然后对培训对象的依托单位、课题组成员、课题组长本人等开展的调研。通过调研，了解研究所、课题组的其他人和本人对培训项目的目标和内容需求。

普遍情况分析是开发组根据课题组长胜任力特征，对课题组长能力需求的普遍情况进行分析。开发人员对课题组长的各项胜任力要素进行充分解析，提炼要素内涵。但是胜任力特征的研究结果只表明课题组长成为这个角色卓越者需要的各种要素，但并不能清晰指出这个要素需要通过何种途径可以具备。如课题组长的学术能力，这种要素的具备要通过长期积累，短期培训作用很小。因此在确定提炼出要素内涵后，开发人员分析哪些要素是可以通过培训增强的，从而找出培训要点。

开发人员通过普遍情况的分析和特殊情况调研的比较，最终形成培训内容的设计框架。将特殊性和普遍性分析相结合，可以克服调研不全面，或个人对能力需求的认知存在偏差等情况。开发人员针对初步确定的培训内容，按照人的主观能动过程规律，从意识观念、素养特质、认知与能力、知识与技能到行动和结果分析，找出该要素的培训关键点。按照要素在实践过程中的决定作用，逐步探悉该要素在实践中提升的各个关键环节。

在确定了培训内容框架后，对培训内容的具体实施，开发组就面临是委托社会机构开展培训，还是自主进行项目开发的问题。通过分析，开发人员认为，课题组长培训在提炼共性需求方面存在诸多困难：同一依托单位课题组长人数较少，课题组长工作繁忙，工学矛盾十分突出，课题组长的知识和能力水平相对较高，培训课程设计难度大，课题组内部结构、规模、人员组成情况差异较大等。这些情况导致课题组长的社会培训资源很少，从社会专业培训机构无法采购到合适的培训资源。因此，课题组长培训无论是从培训体系建立、培训科目设计、培训师资培养等都只能通过加强对内部资源的挖掘，采取自主设计的方式开展。

项目开发组通过调研发现，课题组长培训内容中普遍性的内容较多，特殊性内容较少。开发组确定了培训课程以"集群模块型"模式开发为主，由院层面组织力量开展通用性课程开发，对于研究所的特殊情况，由研究所根据单位的需求和所内课题组长的特殊需求采用"需求导向型"模式进行个别课程开发。采用"集群模块型"模式针对共性培训需求开发课程，可以用较少的资源投入，得到较大的产出，短期内即可对工作的改善和提升产生明显作用。

对通用性课程开发，开发组结合课题组长的胜任力模型，确定了培训课程。自2009年开始，中国科学院人事教育局教育培训处通过对课题组长胜任力特征的相关研究，将科研人力资源研究中对课题组长胜任特征的研究成果进行归纳总结，将研究成果作为对课题组长培训需求普遍情况进行分析的信息材料。开发组以这项研究成果作为课题组长培训项目课程设计的主要参考依据。

在进行课题组长的培训课程设计时，找出课题组长的能力现状与胜任力模型中的理想状态之间的差距，有针对性地进行培训内容设计和课程的编排。中国科学院课题组长培训初期课程开发的主要内容集中在：提高课题组长的思想素质、科研道德水平和廉政意识，科研经费管理、课题申请、资产管理等科研管理制度，团队建设和项目管理的技能和方法。

课题组长的培训实施涉及两类主要课程。一类是"集群模块型"模式开发的，针对共性知识和能力提升要求设计的课程；一类是针对不同的个体需要，量身定做相关的培训课程。项目开发组针对中国科学院研究所分散各地，课题组长培训共性集中，而个性化培训又过于分散的特点，采用共性课程由院层面的开发组进行开发，固化成课程模块。而个性化培训课程开发则由各个研究所自己设置予以补充。

课题组长培训与普通的管理类培训和技能类培训不同，培训内容设计框架不能按照进阶培训课程体系搭建。课题组长没有层级概念，不同大小的课题组对于课题组长的素质能力要求并没有明显差异，因此开发人员在课程编排时，培训课程体系采用扁平式设计。

开发组针对中国科学院课题组长的培训提出了"面、线、点"相结合的培训方案。面上培训针对课题组长能力素质类共需培训，这类培训需求较普遍，受训对象基数较大，开展集中培训成本较低，收益较高。线上培训由具体的依托单位组织实施，主要内容是依托单位的管理制度、相近科研领域的经验研讨等。点上培训是根据具体的课题组长现状与胜任力模型之间的差距分析，着眼于课题组长的个人成长，开展个性化培训。

在具体实施中，中国科学院在院层面汇总、制定和发布课题组长培训计划，分院制定具体的培训计划并组织实施，研究所开展课题组长辅助性培训。分院层面主要开展课题组长能力素质提高类以及政策制度类的培训，研究所主要结合本单位现状开展科研制度、科研管理等方面的培训。在实际开展课题组长培训时，可广泛采用并推广具有共性需求、通用性强的知识与技能课程，同时根据本单位或地域特征，增加具有特色和现实指导意义的培训课程。这样既满足了培训课程开发的切实需求，同时也从组织层面大大减少了课程开发的人力、财力支出，防范了过度开发和重复开发。

在开发组确定的"面、线、点"系统性培训过程中，科研单位的主管部门做好培训课程体系框架的搭建，实施单位根据培训目标来具体设计培训内容。在搭建课程体系框架时，先根据课题组长的胜任力模型和各级科研管理组织的需求，确定培训要点。对培训要点进行归类组合，形成不同的培训单元，确定主体培训模块，为培训课程的设计奠定框架基础。根据培训模块，各级实施机构根据培训侧重点差异，分别设计对应的培训课程。

在个性化培训课程开发时，开发人员也十分注重前期需求调研。

2011 年，中国科学院长春分院在开展课题组长培训中，就培训内容对分院所在地区的 148 位课题组长，22 位研究所领导，40 位研究所职能部门的管理人员开展了调研，采用邮件调研、问卷收集、面对面访谈和电话访谈四种调研方式，将调研结果和共性通用课程中的内容进行综合比较、分析选择，设定了个性化的培训补充科目。

在一些特殊性培训科目上，开发人员也并不是一味强调要自主开发。以自主开发为主，并不表示对社会资源中已有成熟的课程设计方案弃而不用。开发人员对待培训课程开发的态度应是，认真分析自身课程开发能力，如果自身开发力量不足以保证项目的开发质量，或在社会培训资源中，已有较为成熟的课程设计，就应充分利用社会培训资源，以达到降低培训开发成本、提高培训成效的目的。如中国科学院微生物研究所在课题组长管理技能培训项目的特殊性课程科目开发上，就充分利用了外部资源。项目开发者在提高课题组长团队管理技能提升科目的设计上，全面搜集、查阅相关资料，系统分析了团队管理培训的各种情况。在此基础上，与社会培训机构中做团队管理培训较好的几家公司进行沟通，经过多次筛选比较，确定合适的培训公司，选择最适合科研机构的培训模式。培训开发者与培训公司和承担培训任务的讲师进行多次沟通，制定了详细的培训计划。

（素材提供人：中国科学院人事教育局 张萌、金昆）

案例小结 根据对课题组长实际工作情况的调研和分析，中国科学院加大了对课题组长的培训力度。中国科学院在实践中，结合课题组长胜任力模型分析和需求调查，设计培训内容，开发培训课程，采用"面、线、点"相结合，充分发挥了院、分院、研究所三级培训部门的作用，先易后难，抓住重点，积累经验，不断深入，取得了较好的效果。

6.6.2 案例20

面向既定对象和内容的项目开发

中国科学院大连化学物理研究所（简称大连化物所）是一个基础研究与应用研究并重、应用研究和技术转化相结合，以任务带学科为主要特色的综合性研究所。近年来大连化物所处于快速发展时期，青年科技队伍不断壮大，科技队伍日趋呈现出规模化、年轻化、动态化的特点。掌握必要的实验技能是青年科研人员开展科研工作的基本前提，为了提高青年科研人员的实验技能，履行好岗位职责，大连化学物理研究所培训主管部门开展了旨在提高青年科研人员实验技能水平的培训项目开发。

培训需求识别是培训管理的首要环节，它是一切培训策划的根本依据，满足培训需求是组织培训的直接目的。因而，想要取得理想的培训效果，就必须有效地识别培训需求。识别需求的途径可以是多种多样的，但无论何种途径，都必须要深入到培训对象中，挖掘和剖析他们最需要、最迫切，对工作开展和能力提升起到最重要作用的那些需求，只有围绕这些需求所策划组织的培训才能真正激发出培训对象的学习热情，变被动接受培训为主动要求学习，也只有这样的培训，才能使培训对象从根本上克服工学矛盾，因为满足需求的培训一定是有利于今后工作开展的，从某种程度上讲，已经将工与学统一起来。

有效识别培训需求，是培训顺利实施及取得预期效果的根本前提。为了了解青年科研人员对实验技能培训的需求，培训主管部门通过多种途径，广泛开展培训需求调研。

大连化物所人事处于年底向相关研究组征集新一年度的培训需求及意见，以此为参考依据确定新一年度的培训方向，制订培训计划。同时，针对实验技能专项培训，设计更为细致的《培训需求调查问卷》，就希望培训的实验仪器、认为效果最佳的培训形式、希望的培训时间段及课时、希望通过培训解决的困难和问题、希望的培训讲师等具体问题向青年科研人员开展培训需求调查，对回收的问卷进行统计分析，并以此结果为培训实施相关细节的确定提供依据。最后，与培训讲师就相关细节进一步沟通商讨，进而确定最终的培训实施方案。

人事处根据前期培训需求调研的结果，进一步确定培训实施的具体方案。由于青年科研人员对实验技能的理论知识及实验操作均有需求，因而，在培训内容的设计上兼顾理论知识培训和实验操作培训，对职工培训需求较为集中的内容重点开展培训。

培训形式的选择主要依据培训内容而定。理论知识培训方面，根据培训的具体内容，主要采取集中授课或专题讲座的形式，聘请所内外相关领域的专家开展专题培训。对于较为系统、全面的培训内容采取专题培训班集中授课的形式，每次培训班集中授课为期 4~5 天；对于专题性较强，内容针对性较强的培训内容则主要采取专题讲座的形式，每次讲座时间 2~4 小时。

实验操作培训方面，鉴于操作培训本身的特点，在充分考虑到研究所公共测试分析平台的培训资源的前提下，为了保证培训的效果，经过反复比较，最终采取了按主题、分班次培训的形式。严格控制每个班次的参训人数，采取小班授课，保证每个参加培训的学员均有上机操作的机会。同时，为了保证培训的覆盖面，采取了一个主题分多个班次分别培训的形式，尽量满足所有有需求的青年科研人员的培训要求。

培训讲师方面，一方面充分利用研究所优厚的高端人才资源，聘请国家"千人计划"入选者、"青年千人计划"入选者等所内相关领域的领军人才亲自授课，另一方面，积极挖掘所外的讲师资源，邀请所外的知名专家、学者来所开展培训，即促进了学术交流又进一步丰富了开展培训的师资资源。

正确地识别出培训需求是培训成功的一半，要保证培训顺利得以实施还必须对培训进行细致全面的过程管理。具体包括培训之前的设计与筹备、培训中的组织与实施以及培训之后的跟踪与反馈。每个环节在培训中的作用都是不可替代的，每个细节的瑕疵都将会影响到培训的整体效果，各个环节共同构成了 PDCA 循环，是全面质量管理所遵循的科学程序。只有对各个环节都进行细致的过程管理，才是培训最终得以顺利实施的根本保障。

培训的组织实施由人事处具体负责。按照前期制定的培训方案，发布培训通知、受理报名、组织培训，开展了一系列具有代表性的专题和系列培训。

多次邀请研究所能源研究技术平台部长、首位国家"千人计划"入选者刘景月研究员主讲高级电镜技术专题培训，每次集中授课培训为期 4~5 天，系统全面地介绍高级电镜技术的理论知识。邀请研究所首位国家"青年千人计划"入选者，能源研究技术平台质谱研究组组长主讲质谱知识讲座，系统介绍质谱基础知识，包括发展历史、应用范围、基本结构、电离源、联用技术、质量分析器等内容。邀请美国康塔仪器公司北京代表处首席代表、中国区经理来所做多孔材料表征分析技术讲座。此外，还曾邀请多位所内外相关领域专家开展了可靠性设计与分析、色谱知识等专题讲座。

实验操作培训方面，由研究所公共分析测试平台的老师亲自授课指导，利用研究所公共分析测试平台的仪器资源，按主题、分班次开展了一系列的实验操作培训，每个主题分 5~6 个班次逐批培训，培训内容包括中孔材料氮气物理吸附、X 射线荧光光谱、X 射线粉末衍射、热重-差热同步热分析、微孔材料物理吸附、化学吸附、激光粒度实验操作技能等内容。培训得到了广大青年科研人员的广泛关注和积极参与。

培训效果检验是一项培训的收尾环节，是对培训整体情况的总结评价，是对培训是否取得预期效果的最终评判。如何有效的检验培训效果一直是培训工作者不断摸索的难题之一,应根据不同的培训内容、培训形式和培训对象采取不同的、分层次的、有针对性的评价方式。取得理想的评价结果是衡量培训成功的标准之一,但培训效果评价的最终目的绝不仅仅是评价,而应是持续改进。为以后的培训工作提供有益的借鉴,进而更好地组织培训,更好地发挥培训的作用,才是培训效果评价的最终目的。

培训效果检验方面,鉴于知识技能类培训效果的评价不易于量化,且需要经过一定时期的积累才会有所体现,在开发过程中尝试了多种方式,不断摸索检验培训效果的有效途径。

培训结束后,请参加培训的学员当场填写《培训效果反馈表》,对培训内容是否符合需要并便于理解掌握、培训讲师的讲授是否清晰全面、培训组织是否科学合理等方面的内容了解学员的反馈,并征求学员对今后培训的意见和建议,作为培训效果反馈的第一手资料,同时也为以后培训的不断改进提供参考。

培训组织部门对培训的整体情况和效果进行评价,总结取得的成效,反思存在的不足,为下一步培训的提高积累经验。最后,培训结束一段时间后,一般于每年年底,人事处会向相关研究组及部门的负责人征询本部门人员参加培训是否取得了预期的效果,通过这种方式了解培训对提高学员能力所发挥的作用。

(素材提供人:中国科学院大连化学物理研究所 夏镜航)

案例小结 青年科研人员实验技能培训项目开发案例,着眼于项目开发中的各个环节,细致地反映了科研机构针对特定培训对象和确定的培训范围进行的项目开发。大连化物所人事处十分重视培训需求调查、培训过程设计以及培训效果评估工作,为整个项目的实施质量奠定了良好的基础。

6.6.3 案例21

基于培训资源的项目开发

中国科学院金属研究所（简称金属研究所）分析测试部金相分析实验室每天都要接待40至80位进行金相实验操作的人员，每年金属所内进行金相实验的人员在1.2万人次左右，金相分析在材料研究中应用广泛、需求迫切。

随着新材料研究的发展，现有国产的金相显微镜在成像分辨率和图像质量等各项指标方面已无法满足金相分析实验的要求。金属研究所分析测试部在2010年引进了一台德国蔡司公司生产的型号为Axio observer Z1M的金相显微镜，该金相显微镜的各项性能指标均照原有显微镜有大幅提升。同年又引进了20台美国EXTEC公司生产的labPol系列磨抛机，该设备具有静音设计、磁性吸盘、轮盘转速可调、对不同种类的材料适应性好且磨抛精度高等特点。

金属研究所为使所内科研人员能够独立操作并充分发挥新仪器设备的功能、提高其使用率，自2010年8月起，金属研究所人事处联合分析测试部金相分析室针对所内需要进行金相实验操作的科研、技术和实验人员以及下室工作的在读研究生，进行了以提高科研人员金相理论及实际操作能力为目标的培训项目开发。培训内容确定为包括仪器的使用方法、金相样品和特殊材料样品制备技术和技巧、新材料显微组织分析、新标准的使用。

为使培训更具针对性、实用性，在正式培训开展前2个月，金属研究所人事处在分析测试部提供理论支持的基础上，针对培训目标群体进行了充分、翔实的调研，调研形式包括调查问卷、现场考察、电话访谈等形式。

首先，在获得反馈的324份有效调查问卷中，包括在职工作人员216份、在读学生108份，其中，高达91.7%的被调研者认为金相培训对自身更好开展工作意义重大，84.6%的被调研者建议采用理论培训与实际操作相结合的形式，79.2%的被调研者建议培训应设置结果考核并颁发培训认证。

其次，在随机对20名所内工作人员进行金相实验现场操作考察后及提问后，17名被考察人员在实验操作中主要凭借前期工作经验积累，并无系统理论、规范支撑，且操作中存在不同程度的不规范现象，仅3名被考察人员操作相对规范，经了解，这3名工作人员前期分别通过不同途径参加过金相理论和实际操作培训。

最后，在电话访谈的调研环节中，人事处将调研目标设定为各课题组组长，一方面，为了解所内科研骨干管理人才对金相培训的认识与态度，另一方面，为明确开展此次培训是否会遇到来自被培训人员所在部门的阻力。在电话访谈的18位课题组长中，全部被访谈对象均表示赞同并支持本组人员参加此培训。

培训项目的开发要与单位的战略方向相一致，保证培训的意义。金属研究所的金相培训以研究所的质量标准体系为依托，调研结果表明金相培训具有充分的必要性、可操作性，培训项目是保证质量体系顺畅运行的重要一环，因此项目开发符合金属所发展的战略性意义。确定了项目开发的意义后，开发人员就要确保有单位能够并愿意提供培训所必需的人员、技术、设备、场地、时间成本等关键要素。金相培训的开展正是建立在金属所设备、场地更新后能够满足相关培训的前提下，项目开发才能顺利进行。

在做培训计划前，人事处对"供、需"两方面进行了详细的了解，"供"是指作为培训者所能提供的仪器设备、培训教师、培训场地、培训经费等硬件及软件；"需"是指被培训者所期待或需要的培训内容，只有将供需两方面有效结合，才能找准培训活动的切入点。

金属研究所能提供的条件包括：德国蔡司公司生产的型号为 Axio observer Z1M 的金相显微镜一台、20 台美国 EXTEC 公司生产的 labPol

系列磨抛机等，金相分析室一间、授课教室 5 间，长期从事金相分析实验操作和管理的教师 5 位，培训经费 4 万（其中，院资助经费 2 万，自筹经费 2 万）。与此同时，该所有金相相关培训必要及需求的人员约 980 人左右。综上考虑，金属研究所的软硬件供给条件完全能够满足所内职工的培训需求。鉴于本所科研工作特点，且金相培训所需周期较长，故将金相培训安排至每年 8 月至 10 月间，具体时间可据当年情况灵活调整。

根据计划，培训被分为两大部分，即理论部分和实际操作部分。为保证培训效果，并考虑安全、秩序等因素，理论课程培训与实际操作培训被分开操作，理论课程培训安排在前期，理论课程结束后对参加培训的人员进行理论考核，仅当参训人员通过理论考核后，方可进入实际操作培训环节，对于未通过初次理论考核的人员，在实践操作前安排二次考核。实践操作培训结束后，由相关培训教师进行一对一实践操作考核。对于经过完整全程培训且通过两次考核的参训人员，由所内分析测试部统一发放培训结业证明，对于培训过程中表现特别优异者，可将其情况反馈至其所在研究部或课题组管理人员。

培训实施效果评估及反馈是培训得以持续改进的基础，其重要程度与培训实施本身相较而言有过之无不及。系统的效果评估与反馈能够使未来培训重点突出、有的放矢，能够有效缩减经济成本与时间成本。金相培训在尾端划分为两个部分，一是培训效果评估，二是获得培训反馈后的持续改进。

在进行金相培训效果评估过程中，由人事处从被培训人员、培训教师两方面着手进行总结分析。在对被培训人员进行效果评估时，确保在培训结束后第一时间将调查问卷发给被培训人员，此时被培训人员对培训内容的记忆最为深刻、其对所参与培训的评价也最为客观，如果调研时间与培训间隔时间较长，则反馈信息容易受到主观意识的再加工导致信息失真。金属所将此调研环节安排在实践考核阶段，并将调查问卷的填写纳入考核环节，内容包括培训满意度调查（培训教师授课情况、培训时间安排情况、培训设施使用情况）及培训内容调查（培训内容与其工作关联情况、对培训内容理解程度、为本培训提出建议和意见等）。

在对培训教师进行效果评估时，可以从被培训者及培训教师两个方面进行评估。现今多数培训在实施过程中仅注重被培训者对培训教师进行相关评价，而忽略了从培训教师的角度出发，对被培训人员进行评估及培训效果自我评价。金属所在培训结束后，分别对金相培训的 5 位教师进行调研，调研主要由人事处通过访谈方式进行，培训教师指出参训人员在培训中存在的主要问题并分析问题产生的原因，同时，教师对本次培训进行自评并提出相应的意见及改正措施。

金属所人事处于培训结束一个月后，对受训人员的培训成果、绩效改善程度进行抽样调查，抽样调查主要通过电话访问、现场观察的方式进行，参与抽样调查人员数量为参训人员总量的 20%。

（素材提供人：中国科学院金属研究所 王申瑞）

案例小结 金相培训项目开发案例，结合本身的优质培训资源，围绕既定的培训内容，注重培训流程的设计。金相培训项目系统展现了科研机构利用自身的优质培训资源开发培训项目的过程。该项目由于前期基础调研工作扎实，培训项目开发合理，培训实施过程进行十分顺畅。截至 2012 年 6 月，金属所以年度为单位，分别于 2010 年、2011 年各进行一次集中金相培训，时间均为 8 月—10 月，累计参训达 1459 人次，累计授课达 100 学时。2011 年金相培训调查结果显示，经过理论与实践的系统培训后，87% 的人员工作绩效、操作规范程度有明显改善。同时，培训主管部门建立金相培训档案，档案包括参训人员从前期调研、中期培训、后期考核的完整过程，并附有每次培训后由不同人员提供的改进建议、意见，及相关改进措施在下一次培训中得到落实的状况，最后在档案中建立培训讲师库，以备未来培训时使用。

参 考 文 献

扶元广，宋伟，胡海洋，张洁.科研院所的培训评估体系设计——基于中科院的实证研究.价
　值工程.（4）：319-321

黄健等.2007.培训师（管理师）.北京：中国劳动社会保障出版社

刘卫国.2000.国有企业职工培训的作用与策略分析.中国成人教育.（09）

罗辉，张俊娟.2009.培训课程开发实务手册.北京：人民邮电出版社

宋伟，胡海洋.2009.高端培训发展的新趋势.陕西教育.（10）：360-361

宋伟，盛四辈.2009.高端培训中的师资库建设研究.继续教育研究.（11）：57-58

宋伟，张学和，胡海洋.2010.远程自主学习者个人学习因素研究.中国电化教育.（1）：
　47-53

孙宗虎，姚小风.2009.员工培训管理实务手册（第二版）.北京：人民邮电出版社

王安全，陈劲，沈敏跃.2001.21世纪我国企业员工培训战略研究.科学管理研究.（06）

第七章 未来与发展

培训是人才资源开发的主要途径和基本手段，是人才队伍建设的重要内容。科研院所要在国家科技事业发展中发挥服务全局、骨干引领和示范带动的作用，就必须充分发挥自身人力资源的整体优势，同时还需要不断增强培训的针对性和有效性，为科研人员持续提供新知识和新技能，保持科研队伍创新的活力和动力，才能满足建设创新型国家的实际要求。

7.1 国家对科研院所未来培训工作的要求

当前我国正处于并将在今后一段时间内长期处于社会主义初级阶段，全面建成小康社会，既面临难得的历史机遇，又面临一系列严峻的挑战。从国际上看，我国也将长期面临发达国家在经济、科技等方面占有优势的巨大压力。我国到 2020 年，构建社会主义和谐社会的主要目标包括显著增强全社会创造活力，基本建成创新型国家。为了抓住机遇、迎接挑战，我国需要进行多方面的努力，包括统筹全局发展，深化体制改革，健全民主法制，加强社会管理等。与此同时，我们比以往任何时期都更加需要紧紧依靠科技进步和创新，带动生产力质的飞跃，推动经济社会的全面、协调、可持续发展。

科学技术是第一生产力，是先进生产力的集中体现和主要标志。进入 21 世纪，新科技革命迅猛发展，正孕育着新的重大突破，将深刻地改变经济和社会的面貌。我国要站在时代的前列，以世界眼光，迎接新科技革命带来的机遇和挑战。纵观全球，许多国家都把强化科技创新作为国家战略，把科技投资作为战略性投资，大幅度增加科技投入，并超前部署和发展前沿技术及战略产业，实施重大科技计划，着力增强国家创新能力和国际竞争力。面对国际新形势，我国必须增强责任感和紧迫感，更加自觉、更加坚定地把科技进步作为经济社会发展的首要推动力量，把提高自主创新能力作为调整经济结构、转变增长方式、提高国家竞争力的中心环节，把建设创新型国家作为面向未来的重大战略选择（中华人民共和国国务院，2006）。历史经验表明，人类文明每一次重大进步都与科学技术的革命性突破密切相关。当今世界，科学技术迅猛发展，新的科技革命正在孕育和兴起，科技创新和产业发展的相互结合，经济全球化和信息化的交叉发展，为我们带来了必须抓住和用好的机遇。党的十八大提出实施创新驱动发展战略，为如何更多依靠科研院所推动社会发展指明了方向。

在人类社会发展进程中，人才是社会文明进步、人民富裕幸福、国家繁荣昌盛的重要推动力量。党的十八大报告中指出："要尊重劳动、尊重知识、尊重人才、尊重创造，加快确立人才优先发展战略布局，造就规模宏大、素质优良的人才队伍，推动我国由人才大国迈向人才强国。"当今世界正处在大发展、大变革、大调整时期。世界多极化、经济全球化深入发展，科技进步日新月异，知识经济方兴未艾，加快人才发展是在激烈的国际竞争中赢得主动的重大战略选择。当前，我国正处在全面建成小康社会的关键时期和深化改革开放、加快转变经济发展方式的攻坚时期，深入贯彻落实科学发展观，全面推进经济建设、政治建设、文化建设、社会建设以及生态文明建设，推动工业化、信息化、城镇化、市场化、国际化深入发展，全面建成小康社会，实现中华民族伟大复兴，必须大力提高国民素质，在继续发挥我国人力资源优势的同时，还需坚持以人为本，科学发展，在党的领导下加快形成人才竞争比较优势，逐步实现由人力资源大国向人才强国的转变。

人才是强国之本，人才资源是我国经济社会发展的第一资源，经济和社会的发展，归根到底是为了人的全面发展（中华人民共和国国务院，2010）。进入 21 世纪的新阶段，人才强国战略已成为我国经济社会发展的一项基本战略，人才发展取得了显著成就。科学人才观逐步确立，以高层次人才、高技能人才为重点的各类人才队伍不断壮大，有利于人才发展的政策体系进一步完善，市场配置人才资源的基础性作用初步发挥，人才效能明显提高。同时必须清醒地看到，当前我国人才发展的总体水平同世界先进国家相比仍存在较大差距，与我国经济社会发展需要相比还有许多不适应的地方，主要是：高层次创新型人才匮乏，人才创新创业能力不强，人才结构和布局不尽合理，人才发展体制机制障碍尚未消除，人才资源开发投入不足等。未来十几年，是我国人才事业发展的重要战略机遇期，我们必须进一步增强责任感、使命感和危机感，积极应对日趋激烈的国际人才竞争，主动适应我国经济社会发展需要，坚定不移地走人才强国之路，科学规划，深化改革，重点突破，整体推进，不断开创人才辈出、人尽其才的新局面。

当前和今后一个时期，我国人才发展的指导方针是：服务发展、人才优先、以用为本、创新机制、高端引领、整体开发。到 2020 年，我国人才发展的总体目标是：培养和造就规模宏大、结构优化、布局合理、素质优良的人才队伍，确立国家人才竞争比较优势，进入世界人才强国行列，为在本世纪中叶基本实现社会主义现代化奠定人才基础。为提高创新能力，建设创新型国家，就必须突出培养造就创新型科技人才。培养和造就创新型科技人才就必须创新人才培养模式，探索并推行创新型教育方式方法，同时还必须加强实践培养，加强创新人才团队建设，形成衔接有序、梯次配备的合理结构。在人才培养开发机制上坚持以国家发展需要和社会需求为导向，以提高思想道德素质和创新能力为核心，完善现代国民教育和终身教育体系，构建人人能够成才、人人得到发展的人才培养开发机制（中华人民共和国国务院，2010）。坚持面向现代化、面向世界、面向未来，充分发挥教育在人才培养中的基础性作用，立足培养全面发展的人才，突出培养创新型人才，深化教育改革，促进教育公平，提高教育质量。

经济社会发展对各类人才的知识、能力、研究领域等都提出了更高的要求，培训成为各类人才补充新知识，掌握新技术的重要途径之一。培训是面向学校教育之后所有社会成员的教育活动，是成人继续教育活动，是终身学习体系的重要组成部分。培训今后应更新观念，加大投入力度，以加强人力资源能力建设为核心，大力发展非学历培训，稳步发展学历教育，加快各类学习型组织建设，基本形成全民学习、终身学习的学习型社会。同时还应健全培训体制机制，政府成立跨部门培训协调机构，统筹指导培训发展。将培训纳入区域、行业总体发展规划。行业主管部门或协会负责制定行业培训规划和组织实施办法。加快培训法制建设。健全培训激励机制，推进培训与工作考核、岗位聘任（聘用）、职务（职称）评聘、职业注册等人事管理制度的衔接。鼓励个人以多种形式接受培训，支持用人单位为从业人员接受培训提供条件。加强对培训活动的监管和评估。此外，构建灵活开放的终身教育体系也十分重要，发展和规范教育培训服务，统筹扩大培训资源。鼓励学校、科研院所、企业等相关组织开展培训。加强教育机构和网络建设，开发教育资源。大力发展现代远程教育，建设以卫星、电视和互联网等为载体的远程开放培训及公共服务平台，为学习者提供方便、灵活、个性化的学习条件。培训应搭建终身学习的"立交桥"，促进各级各类教育纵向衔接、横向沟通，提供多次选择机会，满足个人多样化的学习和发展需要。健全宽进严出的学习制度，建立培训学分积累与转换制度，实现不同类型学习成果的互认和衔接。

从事基础研究、前沿技术研究和社会公益研究的科研院所，是我国科技创新的重要力量。建设一支稳定服务于国家目标、献身科技事业的高水平研究队伍，是发展我国科学技术事业的希望所在。培训是科研院所人才队伍建设的重要组成部分，是科研院所人才队伍建设的先导性、基础性、战略性工程，是建设一流科技创新队伍和保持队伍持续发展的重要途径。科研院所的培训工作发展应紧密围绕建设创新型国家，提供创新型人才，提高创新能力为目标，以"学以致用，学用结合；整合资源，提高效益；突出重点，带动全局；完善机制，规范管理"为基本原则，从科技创新对各类人才队伍的能力需求出发，坚持学习与实践、培养与使用的结合，着力培养创新能力，有效激发创新活力。以培训急需紧缺、关键岗位人才为重点，推动全员培训，提高人才队伍整体创新能力，促进人才队伍的全面、协调和可持续发展。在积极推进培训资源的整合共享和优化配置，发挥优质培训资源为科研院所人才资源开发服务的整体功效，促进人力资本不断增值的同时不断完善培训的管理与运行机制，保障经费投入，明确管理职责，形成分层分类管理的制度化、网络化管理体系。科研院所在推动国家科技发展的同时，还需要充分发挥培训在创新人才培养中的重要作用，加强科技创新与人才培养的有机结合，鼓励培养创新型人才，全面增强创新能力，促进科研院所人才队伍建设的可持续发展。

7.2 未来培训工作的发展趋势

近年来，随着我国学习型社会的建设，国家一系列相关政策、措施、项目的出台，社会成员对不断学习需求的日益增多，培训工作的内涵开始发生变化，从对特定人群的教育开始演变为对所有社会成员的教育。同时培训也逐步成为基础教育和高等教育的一种补充，成为提高我国国民素质的一种重要方式。在这一背景下，准确地把握发展趋势，不断提升培训的质量和效益已成为探索未来培训工作发展之路的重要前提。

7.2.1　奠定培训主流地位

未来社会将建立一个将学历教育和培训互通和衔接的终身教育体系（阎桂芝，2012）。所有成员都可以选择传统教育或者培训的途径接受学历或者非学历教育。培训的层次将与传统教育并行或衔接，内容包括短期培训，专业资格认证培训，学士、硕士、博士等学位课程；范围涉及学历教育、继续教育、职业教育、远程教育；在模式上包括面对面教学、网上学习、混合式教学、整合式教学等。通过培训获得的资历和学历，同学历教育相同，受国内各大高等院校的认可。在我国建立学习型社会的过程中，培训将成为一种全民化的教育，成为一种人人自觉接受的教育。因此，培训将成为学习型社会中的主流教育。

7.2.2　覆盖各类培训对象

建设学习型社会需通过系统性、专业性、开放性和终身性的教育培训活动，提高各类人员的综合素质。培训对象包括各类在职在岗人员，对于科研院所而言，涵盖科研、支撑、管理等各类岗位的人员。未来培训工作，要着眼于岗位要求和职业发展需要，重点加强各种急需紧缺和关键岗位人才的培训，培养造就社会急需的高水平、具有创新能力的人才。更需要坚持全员参与、全面覆盖的原则，多渠道、多层次、大规模、重实效地开展各类人才的培训活动，大幅提高整体素质，全面增强人才队伍的持续创新能力。

7.2.3　扩展多元培训方式

　　培训工作的规模扩展促使培训向多层次、多内容、多形式与多方法的多元化方向发展，主要表现在：教学管理从教室到网络，甚至到境外多方面发展；课程层次向培训、专业证书、学位课程等多元发展；教学师资向全日制教师、兼职教师、成长导师等多元发展；学员类别向在职职工、全日制学生等多元发展；教学资源向自行开发资源、合作办学资源、开放资源等多元发展；教学方法向面授、辅导、远程等多元发展；技术应用也向多元发展，如广播、电视、录音、录像、电话会议、视频会议、网上讨论、社交网站、网上对话系统等。总的来说，采用多元化培训方式的科研院所培训对于职工和组织本身的共同成长及人力资源的开发产生着积极而深远的作用，主要表现为：有助于职工绩效的改善，有助于职工潜能的开发，拓宽了职工多方向发展的空间，有助于形成优秀的科研院所文化。如今，以尊重需求、促进自我发展为基础，针对科研院所的特点，运用多种方式进行人力资源开发已成为科研院所培训的必然趋势。着眼于科研院所长远发展目标的多元化培训将以系统的、持续的、全员性的学习活动在提高科技人员创新能力、培育科研院所创新文化等活动中发挥出更加重要的作用。

7.2.4　健全培训运行机制

　　培训要保证与学历教育具有同等的质量，机制的健全尤为重要。建立标准化、制度化的培训体系，定期开展需求调研，准确把握组织需求、岗位需求和个人需求，有效提高培训的针对性和实效性。健全培训的登记管理制度，严格执行培训情况考核制度。坚持和完善组织调训制度，对主要领导干部、重点岗位干部实行点名调训。抓好培训管理者队伍建设，加强培训与交流，不断提升开展培训工作的能力和水平，建立委员会对所属的培训机构的培训能力和运行机制进行评审。

另外还要健全激励约束机制，将职工参加培训情况作为考核评价和岗位聘用的重要依据；将领导干部个人参加培训情况和支持本单位培训工作的情况纳入领导班子考核范围。采取培训评估和实施情况通报制度，努力形成领导高度重视、单位认真组织、个人踊跃参加的良好局面。

7.2.5 共享多种培训资源

不断完善培训资源的共享机制，支持跨地区、跨单位联合开发培训项目，管理部门组织实施并共享共需培训项目。充分利用现代化的多媒体技术拓展网络培训能力，开发满足共性培训需求的课程，为员工提供多渠道、多样化的培训方式。由于培训方式的多元化，参加培训的学习对象也是多种多样的，有为了提高创新能力的专业人员，有为了获得专业资格的技术人员，有为了转换职业的管理人员，有为了获得接受进一步高等教育的人员，有为了兴趣和发展的人员等等。为了满足各种学习者的不同需求，培训的资源必将进一步呈现多元化的趋势。

7.2.6 集成创新培训模式

培训的教学模式可以分为面对面教学、远程教学、面对面和远程教学结合的模式。从我国当前培训工作的教学情况来看，面对面教学仍然是最受欢迎的模式，但同时远程教学的优势也日渐突出，远程教学更能够提供灵活的、丰富多彩的学习环境。培训应该强调根据课程和学生的特点，最大限度地发挥面对面和远程两种教学模式的各自优势。也就是说，有效的培训教学方式需要的是将面对面和远程两种教学模式进行最佳组合，这就需要各种教学模式不断地融合和整合，针对不同人群的需求发挥不同教学模式的特色，采取最合适的教学方式达到最理想的培训效果。因此，教学模式整合化是培训在教学方面的发展趋势。

7.2.7 科学开展培训研究

针对培训工作的研究对于教育政策的制定和有效实施至关重要。要有效地开展培训工作的各种实践，就必须大力加强学术研究。学术研究的范围很广，包括培训的历史和发展，培训的理论和实践，培训体系建设，继续教育政策研究，培训的研究方法，国际培训发展与合作，培训工作的领导和管理，培训质量评估指标，培训师资的培训及发展，培训课程设计和开发，培训经费核算，培训工作中信息交流技术的应用，知识产权和版权等。只有通过科学研究，才能改进培训的实践做法，提升培训的管理水平，提高教学质量，增进学习成效，促进培训的发展。因此，加强科学化的学术研究势必成为培训领域的关注重心。

7.2.8 深化培训国际合作

培训还应该通过与境内外教育机构的合作，为不同人员提供灵活多元的、具有质量保证的培训服务。按照"走出去"与"请进来"相结合的原则，不断优化国内的培训项目，完善境外培训计划，提高培训质量和留学效益。继续实施科技人员留学计划，有针对性地邀请国外专家来华举办各类专题培训和学术研讨，始终保持科技工作者对世界一流科技发展动态的了解和学习机会。继续组织管理骨干赴境外培训，不断开阔视野，吸收国际先进的管理经验。通过与国外教育机构合作，为在职人员提供不脱离工作岗位即可学习境外课程的机会。实践证明，培训的国际合作是分享优质国际教育资源的有效途径，跨境合作已经成为培训领域发展最为迅速的办学模式，也是培训国际化人才的未来发展方向。

参 考 文 献

阎桂芝 . 2012. 创新理念 健全机制——我国继续教育的创新与发展 . http：//www. sce. tsinghua. edu. cn/research/detail. jsp？id1＝1480［2012-8-20］

中华人民共和国国务院. 2006. 国家中长期科技发展规划纲要（2006—2020 年）. http：// www. most. gov. cn/kjgh［2012-10-9］

中华人民共和国国务院. 2010. 国家中长期教育改革和发展规划纲要（2010—2020 年）. http：// www. moe. edu. cn/publicfiles/business/htmlfiles/moe/moe_ 177/201008/93785. html［2012-10-9］

中华人民共和国国务院. 2010. 国家中长期人才发展规划纲要（2010—2020 年）. http：// www. gov. cn/jrzg/2010-06/06/content_ 1621777. htm［2012-10-9］

中华人民共和国科学技术部. 2012. 全国科技创新大会. http：//www. most. gov. cn/ztzl/ qgkjcxdh/［2012-10-9］